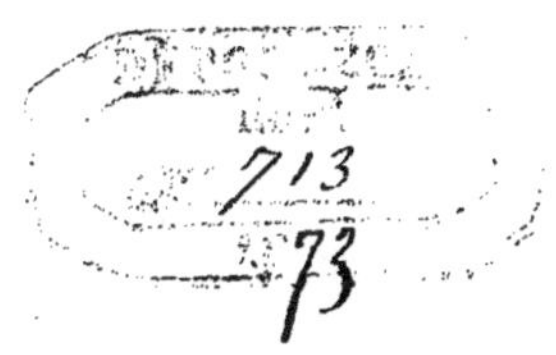

DU

DYNAMOMÈTRE INDICATEUR
DE WATT

ET DE LA MANIÈRE DE S'EN SERVIR

POUR JUGER LA MARCHE ET LE RENDEMENT DES MACHINES A VAPEUR,

Par Albert THOMAS,

Ingénieur civil.

LILLE,
IMPRIMERIE L. DANEL.

—

1873.

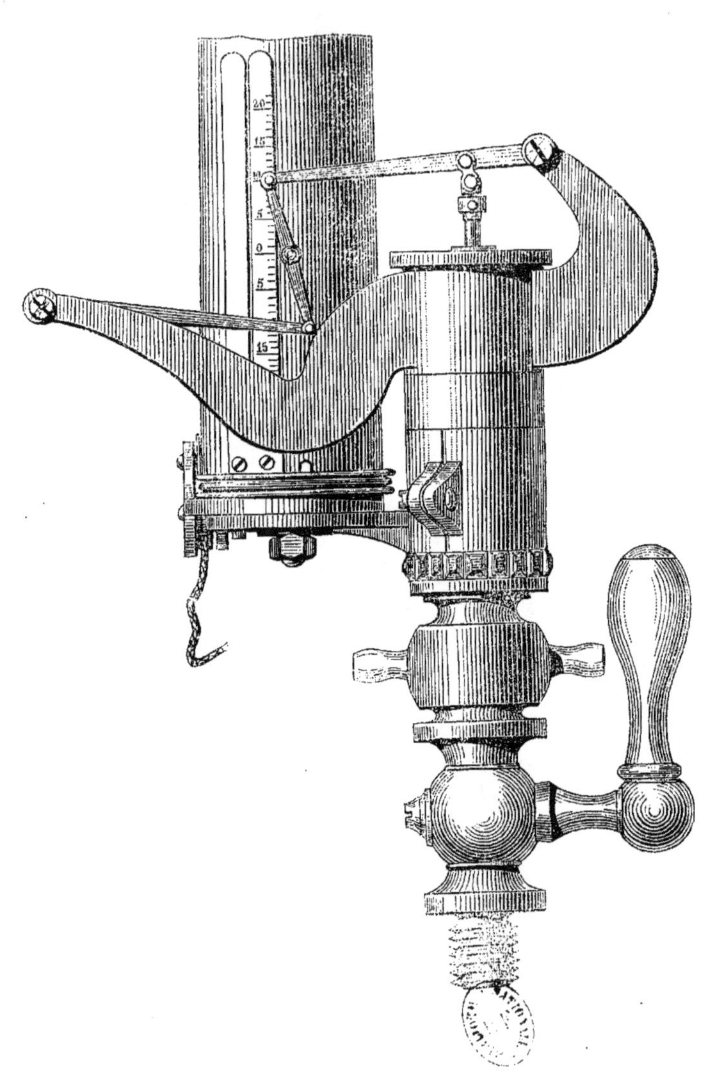

MANIÈRE DE SE SERVIR

DES

INDICATEURS DE PRESSION

POUR JUGER LA MARCHE ET LE RENDEMENT DES MACHINES A VAPEUR,

Par Albert THOMAS,

Ingénieur civil.

INTRODUCTION.

Le travail mécanique accompli par les machines à vapeur a, pour expression absolue, le produit de la pression exercée sur le piston, multipliée par le chemin qu'il parcourt sous l'action de cette pression. Si la pression était constante, le calcul du rendement d'une machine serait donc extrêmement simple, mais il est loin d'en être ainsi; il faut considérer d'abord que la pression agissante est en réalité la différence entre les deux pressions qui s'exercent sur les deux faces du piston.

Dans les machines sans condensation, la pression sur

l'arrière n'est jamais moindre qu'une atmosphère, et elle dépasse toujours cette limite à certains moments de la course, au début et à la fin, surtout dans les machines à grande vitesse, ou lorsque les orifices d'échappement n'offrent pas une section suffisante. Dans les machines à condensation, les variations sont encore bien plus considérables puisqu'elles dépendent à chaque instant de l'énergie du condenseur, de son bon fonctionnement et d'une foule de circonstances accessoires, telles que l'échauffement progressif du cylindre et de l'eau employée à la condensation.

Quant à la pression en avant, elle peut être considérée comme constante dans les machines sans détente, bien que l'avance du tiroir vienne, même dans ces machines, la modifier quelque peu ; en tous cas, elle n'est jamais représentée par la hauteur manométrique observée sur le générateur, car elle est modifiée forcément dans le parcours par les frottements, les condensations partielles, les coudes et les changements brusques de sections. Il est évident que le manomètre posé sur le générateur et même sur le cylindre, ne peut plus fournir, à lui seul, de renseignements utiles lorsqu'il s'agit d'une machine à détente.

L'illustre Watt, comprenant l'intérêt qui s'attache à une pareille question, a imaginé un appareil qui se place sur le cylindre et qui enregistre, à chaque instant de la course du piston, la pression qu'il reçoit d'une part et celle qu'il doit vaincre de l'autre. On peut donc établir ensuite le travail total, réel, dû à l'action de la vapeur, par une simple intégration.

L'appareil ou *dynamomètre* de Watt, a reçu depuis, de nombreux perfectionnements. L'auteur de l'un des plus récents systèmes, M. Richard, a eu l'heureuse idée de publier, avec le concours de M. Porter, un manuel sur l'emploi de son instrument.

Ce manuel renferme d'excellentes instructions qui peuvent, d'ailleurs, s'appliquer à tous les dynamomètres.

Le travail que nous présentons au public français n'est, en résumé, qu'une traduction libre de ce manuel; nous avons eu soin de rapporter tous les calculs et tous les exemples aux mesures françaises.

Nous nous estimerons heureux si ce petit livre peut contribuer à répandre l'usage et l'emploi d'un instrument qui rend déjà d'immenses services, et que nous considérons comme indispensable à l'industriel sérieux qui tient à se rendre un compte exact du fonctionnement de ses machines.

A. T.

PREMIÈRE PARTIE.

CONSIDÉRATIONS GÉNÉRALES.

L'instrument a pour but de mesurer et d'inscrire à chaque instant la pression de la vapeur dans le cylindre d'une machine à vapeur ; à cet effet, un crayon prenant sous l'action de la vapeur un mouvement vertical, trace une ligne sur un papier qui reçoit lui-même un mouvement de va et vient horizontal, proportionnel au mouvement même du piston.

Il résulte de ce double mouvement, une courbe dont les abscisses sont proportionnelles aux chemins parcourus par le piston et dont les ordonnées sont proportionnelles à la pression absolue de la vapeur.

Si l'on interrompt l'action de la vapeur sur le crayon, en laissant subsister celle de la machine sur le papier, on obtiendra une ligne droite horizontale dite *ligne atmosphérique* parce qu'elle correspond à l'équilibre, c'est-à-dire à une atmosphère de pression devant et derrière le piston.

Voici les différentes indications qu'on peut déduire de cette courbe qu'on appelle un *diagramme :*

1° La déperdition de pression entre le générateur et le cylindre.

2° A quel moment de la courbe, on obtient le maximum de pression.

3° Si cette pression maximum se tient bien.

4° A quel moment et sous quelle pression la vapeur s'introduit.

5° Si l'admission est fermée brusquement ou progressivement et, dans ce dernier cas, dans quelle mesure.

6° A quel moment et sous quelle pression la vapeur s'échappe.

7° Si (dans une machine sans condensation) l'échappement est entièrement libre, ou dans quelle mesure la vapeur exerce une contre-pression derrière le piston.

8° Dans une machine à condensation, le degré de la dépression obtenue et si elle se fait rapidement ou graduellement.

9° Si avant l'admission, il reste ou non de la vapeur; à quel moment cette vapeur commence à exercer une contre-pression et la mesure de cette contre-pression.

10° Enfin le diagramme fournissant d'une manière certaine la moyenne des pressions pour toute la course du piston, permet de calculer exactement le travail mécanique absorbé par la totalité du mécanisme, ainsi que celui employé par chaque organe ou chaque outil séparé; ce qui résultera de la comparaison de différents diagrammes relevés en supprimant tour à tour les divers organes.

La courbe, elle-même, peut être divisée en six segments particuliers, formés dans les diverses périodes d'action de la vapeur.

Le diagramme, c'est-à-dire l'ensemble de l'épure, est divisé en dix segments égaux, par des ordonnées perpendiculaires à la ligne atmosphérique. Des lignes parallèles à cette dernière sont tracées de manière à diviser toutes les ordonnées suivant des intervalles correspondant à des pressions déterminées. Sur la figure ci-dessous, ces parallèles correspondent à des pressions de o k. 250 par centimètre carré, soit environ 1/4 d'atmosphère.

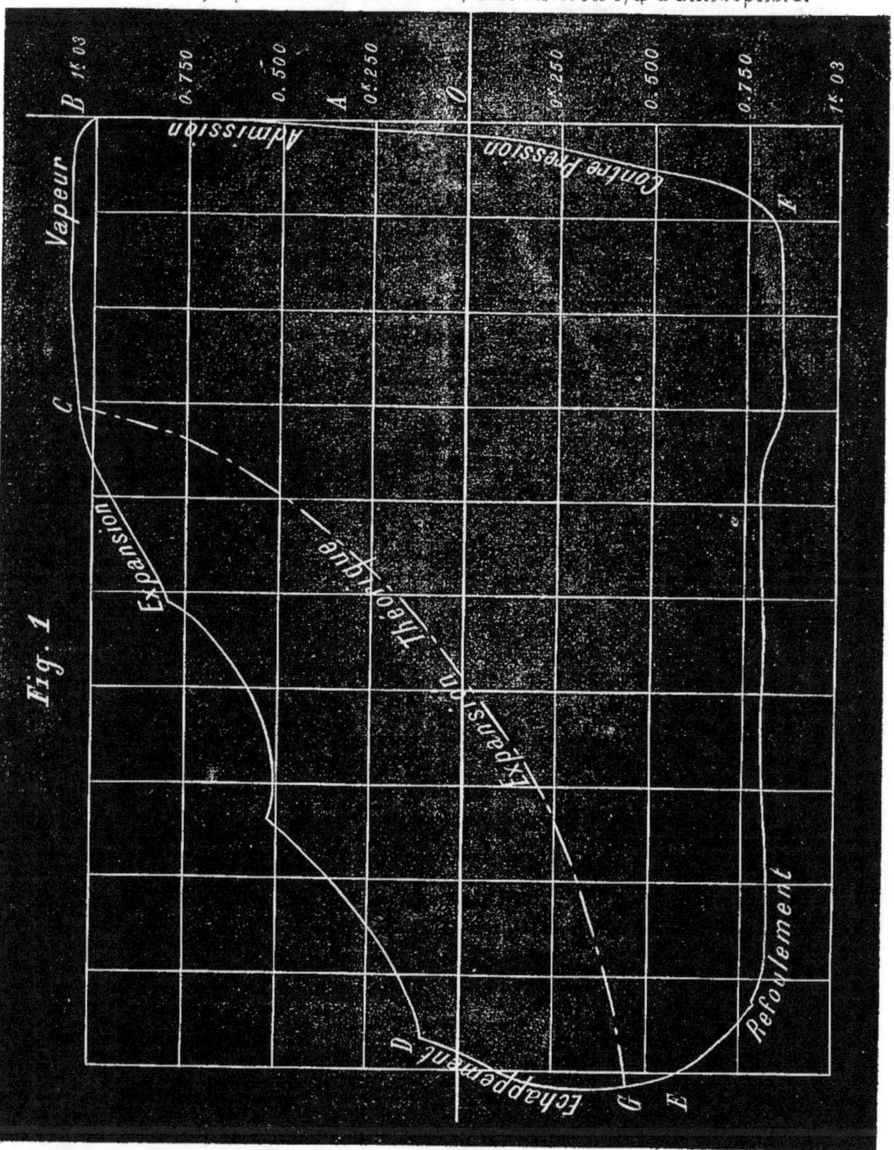

La ligne *c g* est la courbe théorique de l'expansion parfaite.

En étudiant le diagramme (fig. 1), nous voyons que la lumière d'échappement a été couverte au point F et que la vapeur restant dans le cylindre a subi une pression dûe à l'avance du piston et qui s'est élevée à environ 0k350 au-dessus de l'atmosphère — A ce moment en A l'admission est ouverte et la pression monte subitement à 1k03. La lumière restant ouverte, la pression reste stationnaire jusqu'au point C ou l'admission cesse, mais le point C ne fournira jamais un rebroussement bien net, car le rétrécissement graduel de la lumière, joint à la détente de la vapeur admise, contribuent à arrondir la courbe et à reporter le point c un peu plus loin qu'il ne doit être. En D, l'échappement commence à s'ouvrir, la détente a amené la pression à 0k100 environ; à ce moment, l'action du condenseur se manifeste, la pression tombe rapidement à 0k600 au dessous de l'atmosphère, ce qui est marqué en E, puis le vide arrive un peu après à 0k900 où il se maintient jusqu'au moment de la fermeture de l'échappement.

PRINCIPES GÉNÉRAUX SUR LA CONSTRUCTION ET LE FONCTIONNEMENT DES DYNANOMÈTRES.

Le dynanomètre indicateur de Watt, primitif ou perfectionné, se compose toujours d'un petit cylindre, ouvert à la partie supérieure, et armé d'une tubulure avec robinet qui permet d'en mettre le fond en communication avec les appareils contenant du gaz ou de la vapeur, qu'on veut expérimenter. — Un piston plein, placé dans ce cylindre, est soumis à l'action d'un ressort qui, à l'état normal, le maintient au milieu de sa course; si la pression du gaz devient supérieure ou inférieure à celle de l'atmosphère, le piston remontera ou redescendra en comprimant le ressort ou en l'étirant. — La tige du piston porte une pointe à tracer, ou agit sur un système cinématique quelconque pour transmettre un mouvement également rectiligne, amplifié ou non, à une pointe à tracer. La pointe presse à son tour contre une bande de papier mûe par un mouvement d'horlogerie ou par la machine elle-même.

Dans le premier cas, les abcisses sont proportionnelles aux temps; le mouvement est continu, et le diagramme donne les pressions correspondantes aux diverses phases de l'expérience.

Dans le deuxième cas, le mouvement est alternatif : la courbe est fermée et chaque révolution correspond à un tour entier de l'arbre sur lequel on prend le mouvement. Les abcisses seront alors proportionnelles aux distances angulaires parcourues successivement par le moteur, et par conséquent aux positions successives du piston de la machine motrice qui actionne cet arbre.

DES ERREURS QUI PEUVENT SE PRODUIRE DANS LE DIAGRAMME ET DE LEURS CAUSES.

Pour obtenir un diagramme correct, et de l'examen duquel on puisse tirer des conclusions sérieuses, il est absolument indispensable que le mouvement du papier soit rigoureusement proportionnel à celui du piston, et que le crayon obéisse instantanément et avec une régularité parfaite aux variations de pression.

Nous reparlerons plus tard des erreurs dûes aux défauts de la transmission du mouvement au papier.

Celles qui proviennent du mouvement du crayon sont plus sérieuses. — Dans les dynamomètres primitifs les ordonnées sont obtenues directement par l'allongement ou le refoulement du ressort qui soutient le piston. Afin de rendre l'épure plus lisible, on a été amené à augmenter l'amplitude de ce mouvement en augmentant la longueur du ressort; il en résulte qu'il faut un temps déterminé pour que le déplacement du crayon s'opère et que les indications ne sont plus instantanées. Les points de rebroussement ne sont plus à leur place réelle et dans les machines à grande vitesse les diagrammes n'offrent plus que des figures confuses. M. Richard a réussi à diminuer ces chances d'erreurs en employant des ressorts très-courts et très-forts, ayant par conséquent une course très-restreinte, mais en interposant entre le ressort et le crayon un système de leviers parallélogrammiques qui donne aux ordonnées de la courbe toute l'amplitude désirable. Ces ressorts courts ont d'ailleurs l'avantage de ne pouvoir éprouver aucune flexion transversale, et permettent d'employer un piston à plus grande surface ce qui augmente la sensibilité de l'instrument et la sûreté des indications.

Il y a, dans le jeu des ressorts d'autres causes d'erreurs contre lesquelles il faut également avoir soin de se prémunir.

On admet que les ordonnées du diagramme sont proportionnelles aux pressions exercées sous le piston du dynamomètre; or cette proportionnalité n'est jamais rigoureusement vraie ni même possible.

Nous ne nous occuperons pas de l'amplitude totale des oscillations du ressort; on comprend facilement que la température à laquelle on opère, un peu de jeu dû à l'usure de l'instrument, un peu de raideur provenant de l'état des surfaces en contact, amèneront nécessairement, même d'un jour à l'autre, des variations sensibles dans la quantité d'allongement que le ressort peut prendre sous une pression donnée. — Il sera donc absolument nécessaire, avant toute expérimentation, de placer l'insment sur une prise de vapeur, parallèlement à un bon manomètre. On trace, en faisant mouvoir le papier à la main, une ligne horizontale sur laquelle on inscrit la pression indiquée par le manomètre et qui servira de repère pour tracer l'échelle.

Si les variations de longueur du ressort étaient réellement proportionnelles aux pressions, le tracé de l'échelle n'offrirait plus aucune difficulté, puisqu'il suffirait de diviser en parties égales la hauteur comprise entre la ligne atmosphérique et la ligne de repère, et de continuer la même graduation en-dessus et en-dessous, et c'est ce qui se fait ordinairement quand on ne veut avoir que des diagrammes suffisamment approximatifs. Mais il n'en est pas de même lorsqu'on veut avoir des résultats exacts. En effet :

1° La constance du rapport ne peut avoir lieu que dans une limite assez restreinte des amplitudes d'oscillation ; aussi les contructeurs de dynamomètres ont-ils le soin de joindre à leurs instruments une série de ressorts différents qu'on doit employer suivant les circonstances, et de manière à ce que les pressions qu'ils doivent supporter et transmettre ne présentent pas un écart de plus de 2 à 3 kil. par *c. q*. Les uns serviront pour les machines à condensation, les autres pour les machines à pression moyenne, d'autres pour les machines à haute pression, etc.

2° Il faudrait que les ressorts fussent construits avec une régularité parfaite de forme et de dimension, et qu'en outre ils présentassent une homogénéité également parfaite d'un bout à l'autre. Le moindre défaut de forme ou de contexture peut faire que pour des différences égales de pression on n'obtienne pas des variations égales dans la longueur.

Il n'y a qu'un seul moyen de parer à cet inconvénient ; il consiste à graduer l'appareil expérimentalement et par étalonnage. Pour cela on le place parallèlement à un manomètre qui sert d'étalon, sur une même source de pression, en se plaçant d'ailleurs dans les mêmes conditions de température qu'on doit avoir lors des essais, puis on trace une ligne sur le papier à chaque instant où le manomètre indique une pression appartenant à l'échelle qu'on désire reporter sur les diagrammes.

Un manomètre anéroïde peut servir, surtout s'il est neuf, mais il sera toujours préférable, si on le peut, d'étalonner sur un manomètre à mercure à air libre.

Quant à la source de pression, elle ne peut être autre que de la vapeur si l'on doit expérimenter un cylindre à vapeur. Si l'on doit prendre des diagrammes sur des cylindres à air, à acide carbonique, etc., il faudra étalonner l'instrument par des pressions produites par ces mêmes gaz.

L'étalonnage par la vapeur se fera facilement en employant

une petite cloche installée sur le générateur même, et remplie d'abord de vapeur à la plus grande pression que doit indiquer le ressort étudié. On ferme la commnnication avec le générateur, et la pression tombe d'elle-même assez lentement pour donner tout le temps de tracer les repères. D'ailleurs on peut toujours la remonter au besoin, en manœuvrant le robinet de communication. Cet appareil servirait même pour obtenir les repères des pressions inférieures à l'atmosphère, car si la cloche est bien étanche, la condensation de la vapeur qu'elle contient peut y produire un vide presque absolu.

INSERTION DE L'INDICATEUR.

Quand cela est possible, il est bon de prendre des diagrammes aux deux extrémités du cylindre. C'est une erreur de croire que si les valves sont égales, les diagrammes devront être semblables ; il n'en est rien et cela tient à la différence de vitesse du piston dans les deux sens de sa course.

Dans une machine à action directe, la vitesse peut être de 35 à 66 p. o/o plus grande dans la partie du cylindre opposée à la manivelle que dans celle qui y correspond.

Dans les machines à balancier, le contraire a lieu et la vitesse du piston est plus grande dans la partie supérieure du cylindre.

La différence des diagrammes peut encore provenir d'une inégalité dans la section des lumières, dans la commande des valves, leur quantité d'ouverture, le moment de leur fermeture. En somme, l'indicateur démontrera toujours si les choses se passent également ou non dans les deux périodes de la course du piston. Il faut éviter l'emploi des tuyaux et insérer l'instrument à même sur le cylindre, surtout pour les machines à grande vitesse. S'il y a nécessité d'en employer, ils ne doivent pas avoir moins de 12 $^{m}/_{m}$ de diamètre et même 15 $^{m}/_{m}$ dans les coudes ; ils seront aussi courts et aussi directs que possible. On peut vérifier avec l'instrument que 2 centimètres de tubes interposés occasionnent une perte de pression sensible et qui variera avec le diamètre du tube, le nombre des coudes et la vitesse du piston. Certains diagrammes, pour cette seule cause, n'ont indiqué qu'avec 40 °/₀ en moins, la pression dans le cylindre.

Sur les machines verticales on visse ordinairement l'indicateur sur le couvercle supérieur; quelquefois on le pose sur le trou fileté de la boîte à graisse qu'on enlève préalablement; si l'on veut expérimenter sur la partie inférieure, il faut pratiquer un trou dans la paroi du cylindre, entre le fond et le piston.

L'indicateur peut être placé directement dans ce trou, mais il vaut mieux y ajouter un tube recourbé, très-court, garni d'une boîte filetée, afin que l'instrument reste vertical. On agira de même pour la partie supérieure lorsque les circonstances ne permettront pas de se placer sur le couvercle. Il faut avoir soin que le piston ne puisse pas recouvrir l'orifice. Pas de lut dans ces petits joints, cela salit inutilement l'instrument. Si le pas de vis est un peu gai, un fil de coton, enroulé sur la tige, suffira à prévenir toute perte de vapeur.

Sur les machines horizontales, la meilleure place pour insérer l'indicateur est à la partie supérieure du cylindre, à chaque extrémité. S'il y a quelque obstacle on établira un tube courbé, soit dans les couvercles, soit sur les parois, aussi près que possible du sommet. Ne vous établissez jamais sur les lumières, le courant de vapeur qui passe alors devant l'orifice donne lieu à un abaissement de pression dans l'appareil, et les diagrammes sont profondément altérés.

MOUVEMENT DU PAPIER. — POINT D'ATTACHE.

On s'attèlera sur un point quelconque de la machine, doué cependant d'un mouvement qui coïncide bien avec celui du piston. Sur les machines à balancier, ce sera sur le balancier même ou sur une tige du parallélogramme. Il faut faire attention à ce que la corde ait un mouvement droit et sans oscillations, ce que l'on néglige souvent.

Dans certains cas on devra prendre le mouvement sur l'extrémité de l'arbre du volant, c'est ce qui arrive pour les machines horizontales à haute pression, et cela présente l'avantage de n'avoir pas à réduire la course; seulement on n'aura alors des résultats exacts qu'à la condition d'interposer une glissière guidée et conduite par une corde d'une longueur calculée pour que son oscillation ait la même valeur angulaire que celle de la bielle; sans cette précaution il est clair que le mouvement du papier ne restera pas en proportion constante avec celui du piston. En tous cas, il est essentiel, du moins, de disposer le point d'attache de telle sorte qu'il soit au milieu de sa course exactement lorsque le papier est lui-même au milieu de la sienne, quelles que soient d'ailleurs les directions de la corde de part et d'autre de ce point commun.

Sur les machines horizontales on prend ordinairement le mouvement sur le T de tête du piston.

Dans les machines fixes, on suspendra au plafond une tringle de bois articulée au sommet en un point fixe et reliée inférieurement au T par une goupille plantée dans le coulisseau, de manière à osciller le long des guides dans un plan vertical. La corde s'attachera sur cette tringle à une hauteur convenable pour régler la course sur celle du petit piston; elle sera, d'ailleurs, renvoyée à l'indicateur par un système d'autant de poulies qu'il sera nécessaire.

Pour les locomobiles, on fixera ce balancier vertical sur un support élevé de 60 c·/m. environ, rapporté sur le bâti.

Sur les locomotives, si les transmissions sont extérieures, on on se placera également sur l'armature de tête du piston. Il faut que la corde soit directe, courte, sans élasticité, et qu'elle s'attache en un point dont le mouvement soit en rapport précis avec celui du piston; il est important encore que le mouvement de la corde soit régulier et sans secousses. Le meilleur moyen consiste à employer un balancier oscillant dont l'axe fixe sera placé au-dessus de la position médiane du point choisi sur la tête de piston pour transmettre le mouvement. Ce balancier porte deux bras inégaux ; le plus long sera actionné par le piston et le plus court recevra la corde. Quelle que soit la direction absolue de celle-ci, le balancier doit être construit et calé de façon à ce que son petit bras soit perpendiculaire à la corde au point milieu de la course.

Si les transmissions sont intérieures, le mieux sera d'insérer sur l'extrémité de l'essieu moteur une cheville qui renverra, par une bielle, le mouvement au point le plus convenable pour attacher la corde.

Enfin, dans le cas d'une machine oscillante, on prendra le mouvement sur les coussinets de la tête du piston, à moins que la course ne soit trop longue ; il devient alors assez difficile de la réduire, et il sera nécessaire d'établir un excentrique sur l'arbre principal, aussi près que possible du tourillon.

On emploie souvent, pour produire le mouvement, des poulies de diamètres différents montées sur un même axe. Ce n'est pas une bonne méthode, et surtout à de grandes vitesses, ce genre de transmissions peut donner lieu à des erreurs et à des perturbations dans les diagrammes.

Notes à annexer au diagramme.

Pour pouvoir étudier un diagramme il convient de relever et de noter :

L'échelle de l'indicateur.

Le genre de la machine ; l'extrémité du cylindre, (avant ou arrière), sur laquelle on a placé l'instrument, et, dans les machines à deux cylindres, celui des deux qu'on a expérimenté.

La course du piston, le diamètre du cylindre, le nombre de coups de piston par minute.

La section des lumières, le genre des valves employées, le recouvrement, la section des conduites d'arrivée et d'échappement.

Le volume des espaces perdus et la longueur qu'il faut supposer en plus au cylindre pour en tenir compte.

La pression dans le générateur, le diamètre et la longueur des tuyaux, la section et la position du registre et le coefficient de la détente.

Dans les locomotives : le diamètre des roues motrices, la section de l'orifice d'échappement, le poids du train, les pentes ou les courbures de la voie.

Dans les machines à condensation : le vide obtenu, le genre du condenseur, les quantités proportionnelles d'eau employée, sa température primitive et celle sous laquelle elle sort ; la section, la course et la vitesse de la pompe à air, la hauteur barométrique.

La description du générateur, la température de l'eau d'alimentation, la consommation d'eau et de charbon par heure.

Enfin, tout ce qui est de nature à influencer de façon ou d'autre les inductions qu'on peut tirer de l'examen du diagramme.

DEUXIÈME PARTIE.

ÉTUDE GÉNÉRALE DU DIAGRAMME DANS SON ENSEMBLE

Première section.

MANIÈRE DE DÉTERMINER, AU MOYEN DU DIAGRAMME, LE TRAVAIL PRODUIT PAR UNE MACHINE.

L'usage introduit par Watt et conservé depuis en Angleterre est de déterminer les dimensions des moteurs par rapport à leur puissance mesurée en « force de chevaux.» — Watt s'était assuré expérimentalement que le travail moyen d'un cheval de trait, appliqué d'une manière continue et régulière, peut être représenté par l'élévation de 33,000 livres à un pied de hauteur en une minute. (1)

A l'époque où Watt imagina le moyen d'évaluer la puissance des moteurs, la vapeur n'était utilisée qu'à la pression de 1 atmosphère, soit de $1^{k}03$ par centimètre carré. On admettait que sur cette pression, $0^{k}33$ étaient perdus par le défaut de conden-

(1) $15{,}000^{k}$ à $0^{m}305$, soit $4{,}562^{k}$ ou, par seconde, $76^{km}17$. Le cheval vapeur français est de 75^{km}. par seconde.

sation et 0k20, absorbés par les frottements, de sorte que l'effort utile sur le piston, se réduisait à 0k49; — la vitesse du piston ne dépassait pas d'ailleurs 67 mètres par minute.

Aujourd'hui les pressions employées varient de 1 à 10 et jusqu'à 12 atmosphères et les vitesses atteignent 300 m. — De tels écarts ne permettent donc plus de représenter à la fois les dimensions et la puissance d'une machine par une seule unité; aussi a-t-on introduit une distinction entre la force nominale et la force effective. La première expression sert à désigner les dimensions de la machine, mais elle est appliquée différemment, suivant les localités, et elle peut être considérée comme purement commerciale.

L'indicateur fournit l'un des éléments nécessaires à la détermination du pouvoir effectif de la machine à vapeur, il nous donne, en effet, la moyenne des pressions exercées sur le piston pendant sa course et même, ce qui vaut encore mieux, l'excès de la pression motrice sur la pression résistante. — Cette pression moyenne, étant exprimée en kil. par centimètre carré, il suffira de la multiplier par la surface du piston, pour avoir la pression totale ; multipliant ensuite ce produit par la vitesse rectiligne du piston, exprimée en mètres par seconde, nous aurons le travail en unités dynamométriques par seconde. Enfin il n'y aura plus qu'à diviser le résultat par 75, si l'on veut exprimer ce travail en chevaux vapeur.

Il ne faut pas négliger cependant de tenir compte des résistances passives, autres que la contre-pression, telles que l'inertie de la machine par exemple, c'est-à-dire l'effort nécessaire pour la mettre en marche à vide; on peut la déterminer par un diagramme spécial, pris à dessein en déclanchant tous les outils.

Il y a aussi à considérer l'accroissement du travail absorbé par les frottements lorsque la machine, ayant vaincu l'inertie, est en pleine marche ; mais l'indicateur ne peut pas mesurer ce genre de résistance. Des essais au frein, sur de petites machines, ont porté à l'évaluer à 5 p. % environ.

Voici maintenant la manière de déduire du diagramme la moyenne des pressions exercées devant et derrière le piston et par suite le travail total fourni par la vapeur dans le cylindre :

On tracera d'abord sur l'épure un certain nombre de lignes perpendiculaires à la ligne atmosphérique et équidistantes. En général on se borne à diviser ainsi le diagramme en 10 segments égaux, à moins qu'on ne désire avoir une approximation plus grande dans les calculs. Un petit instrument spécial pour effectuer rapidement cette division se vend ordinairement avec l'Indicateur.

Il est bon de subdiviser encore le diagramme par des lignes parallèles à la ligne atmosphérique, et dont les intervalles représentent une échelle de pression, par 100grammes par exemple ; cela facilite beaucoup les appréciations qu'on peut déduire de l'examen à première vue de la figure.

Pour les machines à condensation, on portera au bas du diagramme la ligne du vide absolu, et à l'opposé, la ligne correspondant à la pression dans les générateurs. La distance entre la ligne du vide absolu et la ligne atmosphérique variera naturellement avec les indications du baromètre.

Aussi l'opérateur fera-t-il bien d'être toujours muni d'un bon baromètre.

Le plus grand intérêt de l'observation barométrique porte sur ce qu'elle renseigne exactement sur le fonctionnement du condenseur et de la pompe à air. On connaît en effet la température à la sortie et par conséquent la tension de la vapeur à cette température ; la différence entre cette tension et la pression barométrique donnera le maximum de vide qu'on puisse obtenir derrière le piston. On calcule séparément les aires des segments de la courbe en dessus et en dessous de la ligne atmosphérique. La comparaison des deux aires sert à vérifier le bon fonctionnement des organes de la condensation. Dans les machines à grande détente, il arrive que la courbe croise la ligne atmosphérique, souvent même bien avant l'extrémité de la course. Quand ce cas se présente, il faut attribuer à l'action du condenseur et de la pompe à air tout le travail compris par l'aire relevée entre la ligne atmosphérique et la ligne du refoulement; non pas cependant que cela doive modifier le calcul général du travail total accompli, mais parce que cela sert à constater l'économie de vapeur réalisée par ces appareils.

. Le calcul des aires se fait sans tenir compte de la valeur absolue des abcisses. On détermine l'ordonnée moyenne en additionnant les bases moyennes des trapèzes formés et en divisant la somme par le nombre des trapèzes. Si l'on a fait 10 segments, il est évident que la division se borne à déplacer la virgule décimale d'un rang vers la gauche.

On calcule également l'ordonnée moyenne des segments inférieurs et on l'ajoute à la précédente pour avoir l'expression de la pression moyenne pendant la course totale. Cette pression, étant exprimée par la condition même du diagramme en kilogs par centimètre carré, il n'y a plus qu'à la multiplier par la surface du piston comptée en centimètres, puis par sa vitesse rectiligne comptée en mètres par seconde.

L'aire comprise entre la ligne d'admission et celle de la pression dans les générateurs, donnera, si on la calcule, les pertes de pression dues aux coudes, aux rétrécissements, à la condensation, etc. D'un autre côté, on connaîtra les résistances au mouvement du piston, en calculant le travail représenté par l'aire comprise entre la ligne du refoulement et celle du vide absolu.

Comme application nous déterminerons la puissance de la machine couplée, sur laquelle le diagramme fig. I a été relevé : le diamètre du cylindre était de $2^{m}40$; la course du piston de $3^{m}05$ et le volant faisait 15 tours par minute.

Nous supposerons que le second cylindre aurait donné un diagramme identique, ce qui est admissible, et même que des diagrammes pris à l'extrémité inférieure des cylindres auraient encore été semblables au premier, bien que cela ne puisse guère avoir lieu.

La pression moyenne au-dessous de la ligne atmosphérique donne, le diagramme étant
divisé en 10 segments : 6^k87 : 10 = 0.687
Le vide moyen donne : 8^k02 : 10 = 0.802

Pression effective totale . . . 1^k489

Nombre de centimètres carrés sur le piston 45239
Pression totale effective . . . 45239 × 1,489 = 67361^k.
La vitesse du piston par seconde étant de . . . . $3^m05 \times 2 \times 15 : 60 = 1^m525$

Le travail en kilogrammètres par seconde sera. . 102725 ou en divisant par 75, 1369 chevaux pour le premier cylindre et 2738 chevaux pour la machine entière.

Mais il faut, comme nous l'avons dit, tenir compte des résistances, et le mieux est de les déduire d'abord sur le facteur des pressions. En évaluant à 0^k070 par centimètre la perte dûe à l'inertie et à 5 p. %, soit 0^k074, celle dûe à l'accroissement des frottements, notre pression utile sera donc :

$$1\ 489 - 0.144 = 1^k345$$

et notre résultat final sera :

$$\frac{1.345 \times 45239 \times 1.52}{75} \times 2 = 2466^{\text{chev.}}$$

On remarquera que, dans les calculs ci-dessus, il y a certains facteurs qui sont ou peuvent être considérés comme constants pour une machine donnée; le surface du piston, sa vitesse et les coefficients 2 et $\frac{1}{75}$. Il en résulte que, si l'on détermine une fois pour toutes, le résultat des opérations :

$$\frac{45239 \times 1.52}{75} \times 2 = 1834,$$

il suffira, chaque fois qu'on prend un diagramme, de multiplier ce nombre par la pression moyenne, pour avoir en chevaux vapeur le travail de la machine au moment où le diagramme a été levé.

Lorsqu'il s'agit d'une machine sans condensation, on tracera d'abord au sommet de l'épure une ligne correspondant à la pression dans la chaudière; il n'est pas inutile de tracer d'ailleurs la ligne du vide parfait, bien que la pression derrière le piston ne puisse pas descendre au-dessous de l'atmosphère, mais parce que cela permet à l'opérateur de se rendre compte approximativement, au premier coup d'œil, de la consommmation de vapeur.

La pression moyenue se détermine comme nous l'avons dit et les calculs se font en suivant la même marche. Il faut avoir soin toutefois de mesurer les ordonnées, non pas à partir de la ligne atmosphérique, mais entre les deux branches de la courbe. On peut aussi faire deux moyennes à partir de la ligne atmosphérique, l'une par rapport à la branche supérieure, l'autre par rapport à la branche inférieure et les retrancher l'une de l'autre. La seconde donnera d'ailleurs l'évaluation des contre-pressions et du travail perdu par cette cause.

Il arrive souvent, dans les machines sans condensation, que la courbe d'expansion coupe la ligne atmosphérique. (Fig. 2.)

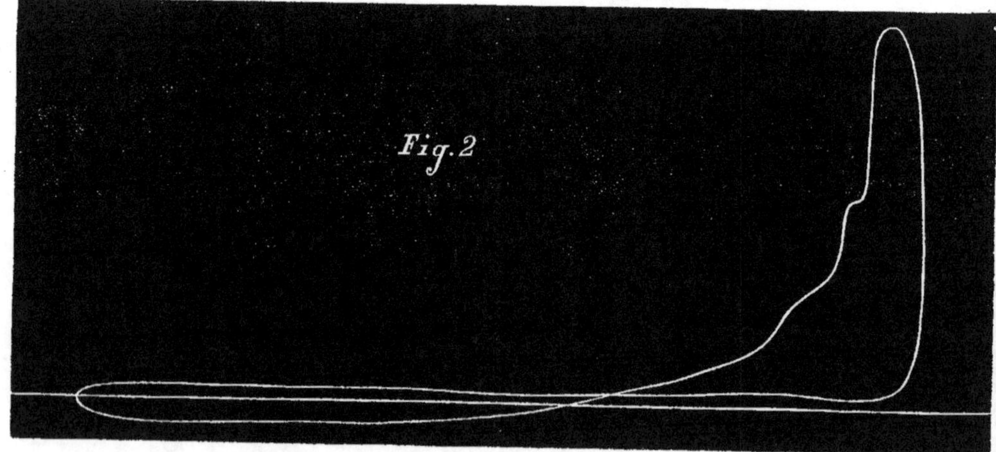
Fig. 2

Le vide qui se produit ainsi en arrière du piston est dû à ce que celui-ci est entraîné par la machine, après même que la vapeur détendue a cessé d'équilibrer la pression atmosphérique qui agit sur l'avant. Mais cette perte de travail sera évidemment compensée dans les premiers moments du retour, le piston ne trouvant plus devant lui qu'une dépression sur l'atmosphère. On ne doit donc pas tenir compte de l'aire de la courbe comprise entre cette branche et la ligne atmosphérique.

Une même machine, marchant dans les mêmes conditions doit donner constammeut le même diagramme, c'est-à-dire que le crayon devra suivre constamment la même ligne à chaque tour. Il n'en est pas toujours ainsi, et le trait s'écarte, surtout sur la ligne d'expansion. En pareil cas, on tracera avec soin une courbe moyenne avant de faire les calculs.

Il faut aussi, quand on veut expérimenter par plusieurs diagrammes les pressions nécessaires pour surmonter diverses résistances, avoir soin que dans chaque expérience, la machine ait constamment la même vitesse, ce qui est souvent négligé.

Deuxième section.

MESURER AU MOYEN DU DIAGRAMME LA QUANTITÉ DE VAPEUR CONSOMMÉE.

On commence par tracer la ligne du vide absolu; si l'on n'a pas de baromètre, on la placera à raison de 1^k03 au-dessous de la ligne atmosphérique.

On détermine ensuite exactement, et l'on reporte sur le diagramme le point de la course du piston où la vapeur commence à s'échapper. On mesure, sur le diagramme, la pression qu'il indique un peu avant ce point.

On multiplie alors la section du cylindre par la longueur de course entre le point en question et l'extrémité, ce qui donne le volume de vapeur contenue dans le cylindre au moment où elle s'échappe; on y ajoute le volume de l'espace perdu entre le couvercle du cylindre et le piston à bout de course, ainsi que celui d'une des lumières, sur tout son développement, et l'on a le volume total de la vapeur expulsée sous la pression observée. Pour ramener ce volume à celui que la vapeur occuperait sous 1 atmosphère, il suffit de le multiplier par cette pression comptée en kil. par centimètre carré et de diviser le produit par 1k03 ou mieux par la pression barométrique exprimée aussi en kil. Multipliez alors ce volume par le nombre de coups de piston en une heure (2 fois le nombre de tours du volant), ramenez la virgule de trois rangs à gauche, pour avoir des litres et divisez enfin par 1700 pour avoir le poids en kilog., soit l'équivalent en litres d'eau vaporisée.

Il y a deux remarques importantes à faire quand il s'agit d'une machine à détente. La première consiste en ce que la pression de la vapeur au début de l'échappement est toujours plus grande et souvent beaucoup plus grande que la théorie de l'expansion ne l'indiquerait. Cela tient à ce que l'eau contenue dans le cylindre se vaporise sous l'influence de l'abaissement de pression, en empruntant du calorique aux parois du cylindre. La seconde est qu'il ne faudrait pas compter comme vapeur produite préalablement par la chaudière, la totalité de cette vapeur régénérée dans le cylindre, car la chaleur perdue par celui-ci dans son refroidissement, sous l'action de la détente, serait insuffisante pour vaporiser toute l'eau qu'il contient et dont la plus grande partie provient du bouilleur à l'état liquide, par entraînement direct.

L'examen du diagramme nous permettra donc de comparer la consommation de vapeur déterminée comme il vient d'être dit, avec le travail obtenu ; en second lieu de calculer la quantité d'eau vaporisée à l'intérieur du cylindre, comme nous en indiquerons le moyen plus tard, et enfin par la comparaison entre la vapeur sortant du cylindre et celle que produirait l'eau fournie à l'alimentation, de se rendre compte de la proportion d'eau entraînée.

VIBRATIONS DES RESSORTS.

Dans les machines à très-grande vitesse, ou lorsque la vapeur est introduite brusquement, il arrive que le ressort de l'indicateur prend un mouvement vibratoire. Si la ligne résultant de ces vibrations est simplement ondulée et ne présente aucun angle appréciable, il est évident que l'instrument fonctionne sans frottements et la ligne moyenne des ondulations sera la véritable courbe à considérer ; la fig. 3 en montre un exemple.

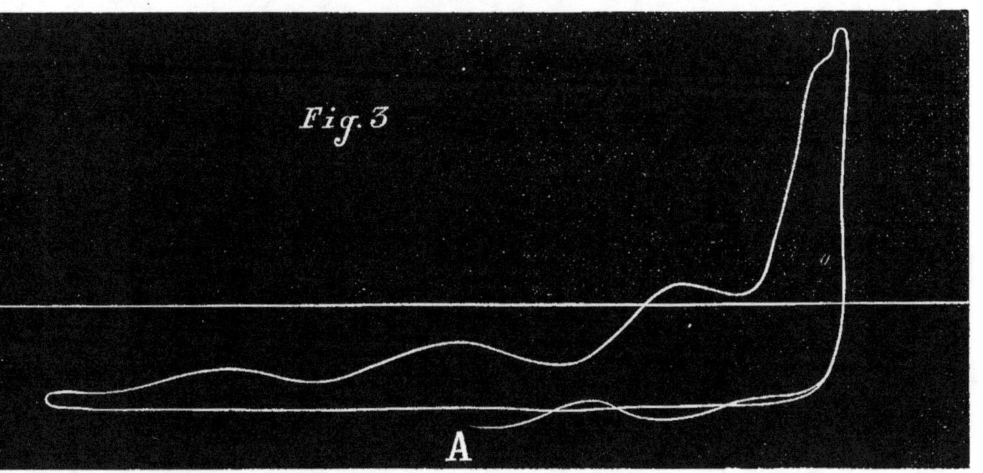

Le crayon attaque le papier en A sur le point de la course en retour et forme d'abord une ligne ondulée ; au second tour, les vibrations étant détruites, par le contact du crayon et du papier, les ondulations disparaissent. On voit donc qu'il n'y a ni vibrations ni intermittences de vapeur dans le cylindre et que l'effet est dû entièrement aux vibrations initiales, propres au ressort de l'appareil et causées par l'action subite de la vapeur.

DIAGRAMMES RELEVÉS SUR L'AMENÉE DE VAPEUR.

Les figures 4 et 5 donnent l'aspect ordinaire de ces diagrammes qui sont utiles à relever, quand on veut se rendre compte du fonctionnement des valves et savoir si les lumières sont suffisantes. Ils servent aussi à démontrer si les tuyaux de vapeur ont des dimensions convenables.

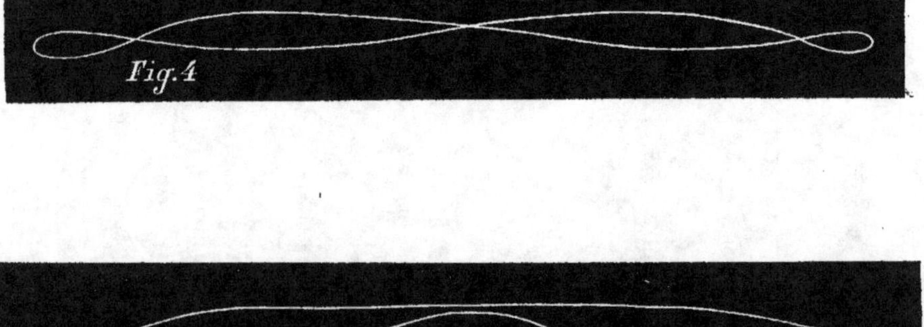

OBSERVATIONS DIVERSES.

CALCUL DIRECT DE LA PRESSION MOYENNE.

Il peut être utile, ne fût-ce que comme moyen de contrôle, de calculer directement la pression moyenne sans la relever sur le diagramme ; on emploiera pour cela la formule suivante ;

$$p = b \frac{zo}{z}\left(1 + lg\ hyp \frac{z}{zo}\right) - b',$$

c'est-à-dire qu'on établira d'abord le rapport entre la course totale (z) et la portion de la course où commence la détente (zo). Ce rapport ne sera, d'ailleurs, que l'indice de la détente renversé ; ainsi, dans une machine qui marche à la détente de 1/5, le rapport en question sera 5. On prend ensuite le logarithme hyperbolique de ce nombre, on y ajoute 1 et l'on multiplie le résultat par le quotient obtenu en divisant la pression initiale (b) par le rapport $\frac{z}{zo}$, ou en multipliant cette pression b par l'indice $\frac{zo}{z}$, ce qui revient au même ; enfin, on retranche du résultat la pression derrière le piston (b'). Si l'on n'a pas de table des logarithmes hyperboliques, on y suppléera en multipliant le log. vulgaire par 2,3026.

Il est bien entendu que la pression initiale considérée est la pression absolue, c'est-à-dire qu'il faudra augmenter d'une atmosphère celle qu'indiquerait un manomètre marquant o à son point de départ.

b, b' et p seront exprimés en unités semblables, soit en mètres d'eau, en centimètres de mercure, en atmosphères ou en kilog. par centimètre carré.

Exemple : Supposons une machine marchant à une détente de 1/4 ce qui donne $\frac{z}{zo} = 4$, la vapeur étant introduite à 5 atm. de pression absolue. La machine étant sans condensation, la pression derrière le piston devra être prise un peu plus grande que 1 atm. à cause des contre-pressions. On prendra : $b' = 1^{atm.}10$.

Le log. vulgaire de 4 étant 0,60206 son logar. hyperb. sera 0.60206 × 2.3026 = 1,36629.

En y ajoutant 1 il vient 2.36629.

La pression initiale 5 multipliée par l'indice 1/4 donne 1.25, ce nombre multiplié par le précédent donnera :

$$2.36629 \times 1.25 = 2.96,$$

c'est-à-dire que la pression moyenne absolue sera de $2^{atm.}96$, et enfin 2.96 — 1.10 = 1.86, pression moyenne effective.

MESURES ET COEFFICENTS DYNAMIQUES ANGLAIS ET FRANÇAIS (1).

Pression des gaz.

On représente la force élastique d'un gaz de quatre manières différentes : 1° En évaluant en poids la pression qu'il exerce sur l'unité de suface; 2° par la hauteur d'une colonne d'eau qui lui fait équilibre; 3° par la hauteur d'une colonne de mercure; 4° par son rapport avec la pression atmosphérique.

(1) L'emploi assez fréquent d'appareils construits en Angleterre et gradués en mesures anglaises, m'a engagé à donner quelques développements à ce chapitre dans lequel le lecteur trouvera quelques coefficients qu'on ne rencontre pas dans les manuels ordinaires.

Cette dernière varie à chaque instant et le baromètre oscille ordinairement entre 72 et 78 centimètres.

Comme il est indispensable cependant de fixer exactement ce qu'on doit entendre par « une atmosphère » prise comme unité de pression, le monde scientifique a accepté le chiffre adopté en France de 760 millimètres de mercure à la température de 0° centigrade.

Cette unité ne peut pas être exprimée exactement en mesures anglaises ; on la représente approximativement par 29 ^{pouces},9218 correspondant à 14 ^{livres},68582 par pouce carré, mais l'usage est de compter en nombres ronds 30 pouces ou 15 livres et les instruments anglais sont gradués d'après ces nombres qui sont erronés de toutes façons, puisque, indépendemment de la moyenne barométrique qui peut être à la rigueur prise au-dessus ou au-dessous de 76 c/m, une pression de 15 $^{\text{l.}}$ par pouce carré représenterait une colonne de mercure du 30 ^{pouces},562.

Les hauteurs en eau ou en mercure se réduiront facilement en sachant que le pied anglais vaut 0^{m} 30494 et le pouce 2 ^{c}/m.54.

Quant à la pression en livres par pouce carré on devra observer que la livre anglaise valant 0^{k}454 et le pouce carré 6 ^{c}/m. 45 centimètres carrés, cette unité de pression représente 0^{k}704 par centimètre. Inversement, un kil. par centimètre vaut 14^{l},205 par pouce.

La pression atmosphérique se mesure :

En France par	760 ^{m}/m.	de mercure ,
Équivalant à	10 $^{\text{m.}}$	33 de hauteur d'eau,
Ou à	1 $^{\text{k.}}$	03 par centimètre carré.

Travail mécanique.

Le travail mécanique d'une force est le produit de son intensité par le chemin parcouru suivant sa direction. L'unité de travail sera donc l'unité de poids élevé à l'unité de hauteur.

En France elle consiste dans l'élévation de 1 k à 1m. et on l'appelle kilogrammètre.

En Angleterre c'est l'élévation d'une livre à un pied on l'appelle foot pound et au pluriel feet lbs.

Le foot pound vaut donc 0^{k} 13285 et par contre le kilogrammètre vaut 7^{flbs} 527.

Thermomètres.

Les Anglais emploient pour mesurer les températures, l'échelle de Fahrenheit dont le 32e degré correspond au o centigrade et le 212e au 100e.

Ainsi pour passer du degré F au degré C, il faut retrancher 32, multiplier par 100 et diviser par 180.

$$\text{Exemple :} \quad 140\ \text{F} - 32 = 108; \quad \frac{10800}{180} = 60\ \text{C}.$$

Réciproquement on passera du centigrade au Fahrenheit en divisant par 100, multipliant par 180 et ajoutant 32.

$$\text{Exemple :} \quad 60\ \text{C} \times \frac{100}{180} = 108; \quad 108 + 32 = 140\ \text{F}.$$

Poids spécifique.

C'est le rapport entre le poids d'un corps et celui d'un égal volume d'eau.

En France, comme l'unité de poids (le kil.) n'est autre chose que le poids de l'unité de volume d'eau (le litre), il en résulte que la pesanteur spécifique se confond avec la densité (rapport du poids au volume.)

En Angleterre ce sont au contraire deux nombres distincts. Le poids spécifique est calculé en France par rapport à l'eau à 4° C température de l'eau au maximum de densité. En Angleterre on prend l'eau à 32° F, ce qui donne des résultats un peu plus faibles.

Unité de chaleur.

Calorie. — France : Quantité de chaleur nécessaire pour élever 1^k d'eau de 1° C; Angleterre ; quantité de chaleur nécessaire pour élever de 1° F, une livre d'eau, la livre valant 0^k454 et le degré F valant 0,55 C. La calorie anglaise vaut donc 0,2497 soit environ 1/4 de la calorie française.

Chaleur spécifique.

Quantité de chaleur nécessaire pour élever de 1° la température d'un corps, celle voulue pour un même poids d'eau étant prise pour unité, ou si l'on veut, nombre de calories nécessaires pour élever de 1° l'unité de poids d'un corps. Ces nombres étant de simples rapports entre des unités de même espèce, seront identiques dans les deux systèmes ; en effet si la calorie anglaise vaut 1/4 de la calorie française, il faudra 4 fois plus de calories anglaises pour élever 1 kil, de 1° *c*, mais il en faudra 4 fois moins pour élever 1 l. de 1° *f*. Il y a donc compensation exacte.

Pouvoir calorifique des combustibles.

Nombre de calories développées par la combustion de l'unité de poids. Donc si une livre de houille développe *a* calories anglaises cela équivaudra à $\frac{a}{4}$ calories françaises ; mais le pouvoir calorifique, système français, doit être rapporté à la combustion de 1^k., il sera donc $\frac{a}{4} \times \frac{1000}{454} = 0.55\ a$, c'est-à-dire que les nombres exprimant les pouvoirs calorifiques seront en raison de la valeur absolue des degrés *f* et *c*.

Il faudra donc multiplier par 0,55 les coefficients anglais pour avoir le pouvoir calorifique du même combustible en mesures françaises.

TROISIÈME PARTIE.

ÉTUDE DES DIVERSES SECTIONS DU DIAGRAMME.

I. — LIGNE D'ADMISSION.

Cette partie de la courbe est formée par l'élévation rapide de la pression dans le cylindre au moment de l'ouverture des registres. Dans les machines à basse pression, cette ligne est à peu près verticale, surtout lorsque l'ouverture des lumières est précédée d'une contre-pression notable derrière le piston, ainsi que cela a lieu dans le diagramme N° 1. Quand on marche à haute pression, il importe d'éviter une admission subite qui produirait un choc sur l'arbre, et encore plus s'il n'y a pas de contre-pression avant l'admission.

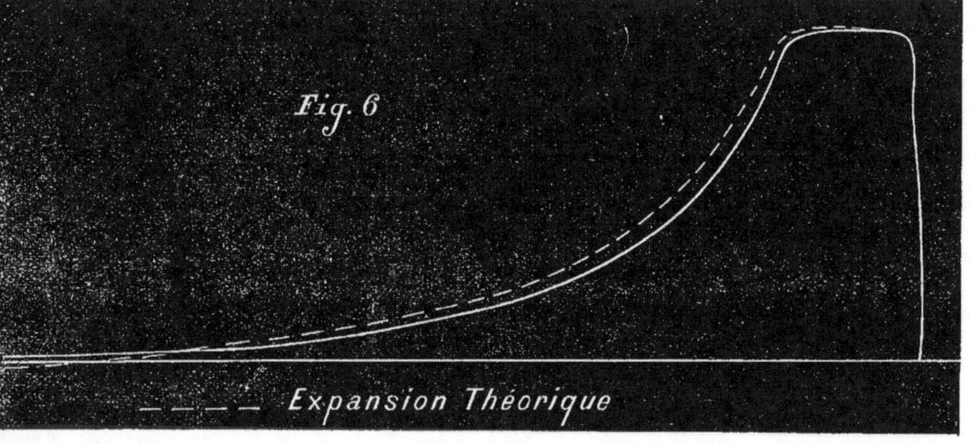

La fig. 6, relevée sur une machine sans condensation, dénote une légère avance du piston. C'est une bonne ligne d'admission. La direction de cette ligne est déterminée par la quantité d'ouverture donnée au registre d'introduction, ouverture pour laquelle on ne peut établir aucune règle générale ; elle dépend en effet de la vitesse du piston, du rapport de la section des lumières à celle du cylindre, du plus ou moins de rapidité avec laquelle l'organe lui-même est mis en jeu et enfin de la pression de la vapeur restée dans le cylindre au moment de l'admission. L'indicateur seul peut servir de guide à cet égard, par une comparaison attentive de l'allure de la ligne d'admission sur des diagrammes relevés dans le plus grand nombre de cas possible.

II. — LIGNE DE VAPEUR.

Ce segment se dessine pendant que le piston marche en avant, tout le temps que l'admission reste ouverte. Pour l'étudier, nous devons considérer les divers systèmes de machines que nous diviserons en 4 classes ; savoir :

1° Celles à pleine vapeur, c'est-à-dire dans lesquelles le mouvement du tiroir est invariable et où celui-ci n'a que peu ou point de recouvrement ; de telle sorte que la vapeur accompagne le piston jusqu'au bout de sa course.

2° Celles qui ont également un tiroir à mouvement invariable, mais présentant un recouvrement plus ou moins prononcé qui ferme l'admission à un point déterminé de la course (machines à détente fixe).

3° Celles dont le point de coupage peut être déplacé à la main par des organes indépendants de la machine (machines à détente variable).

4° Enfin celles dans lesquelles le point de coupage est réglé à chaque instant par le régulateur même, en concordance avec les changements de pression ou les variations dans la charge, (machines à détente automatique)

Dans les machines des deux premières classes, le régulateur, ou à défaut le conducteur de la machine, fait augmenter ou diminuer la pression dans le cylindre suivant le besoin, en agissant directement sur le registre d'introduction. Dans celles de la troisième classe, le même moyen peut être employé, mais il est préférable de laisser ces machines marcher avec leur robinet entièrement ouvert et de régler la pression moyenne en déplaçant le point de coupage. Les machines de la quatrième classe n'ont point de registre modérateur et la vapeur est toujours admise à son maximum de pression dans le cylindre.

L'effet des mouvements du registre sur le diagramme est de faire varier la *position* de la ligne de vapeur, par rapport à sa distance à la ligne atmosphérique, en donnant ainsi la pression employée; l'effet de la détente, au contraire, est de faire varier cette ligne dans sa *longueur*.

Dans les machines où l'admission reste ouverte jusqu'au bout de la course, et d'ailleurs, toutes les fois que la pression est réduite entre le générateur et le cylindre par l'action d'un registre, l'étude de cette ligne par le diagramme n'offre qu'un médiocre intérêt.

On peut voir sur la fig. 7, l'effet de l'action du régulateur sur le registre; la ligne de vapeur varie à chaque révolution, non-seulement quant à sa distance à la ligne asmosphérique, mais encore quant à sa direction,

Le même diagramme démontre l'utilité d'un bon volant bien calculé et fonctionnant convenablement.

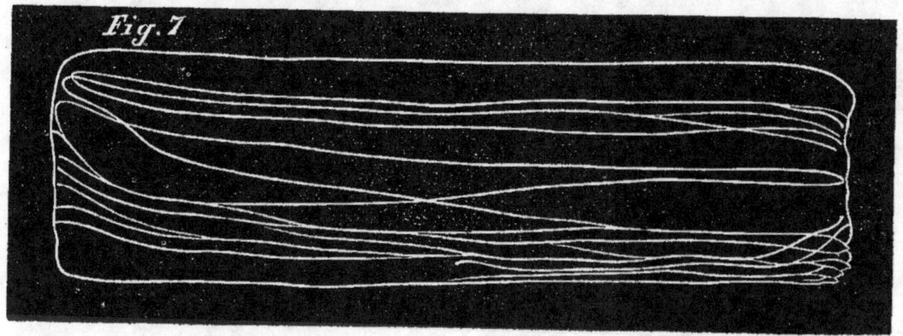
Fig. 7

Dans les machines dépourvues de registre, ou dans lesquelles on ne l'emploie pas ordinairement, (comme il arrive pour les machines de bateaux où l'on n'y a recours que dans les gros temps), la ligne de vapeur se rapproche notablement de la ligne repère, indiquant la pression dans le générateur, et elle reste parallèle à cette dernière jusqu'au point de coupage. Elle ne peut cependant jamais la couvrir, car de même qu'une différence de niveau est nécessaire pour permettre la formation d'un courant liquide, de même il faut une différence de pression pour qu'il s'établisse un courant de gaz ou de vapeur. C'est pour cette raison que l'on n'atteindra jamais dans le cylindre la pression du générateur, pas plus que la dépression obtenue dans le condenseur, bien qu'on puisse s'en rapprocher beaucoup par l'emploi de larges orifices et de conduits exempts de coudes.

Les fig. 1, 6, 8, 9, 10, présentent des exemples de lignes de vapeur correctes, sauf le N° 1 dans lequel elle s'écarte de la parallèle près du point de coupage.

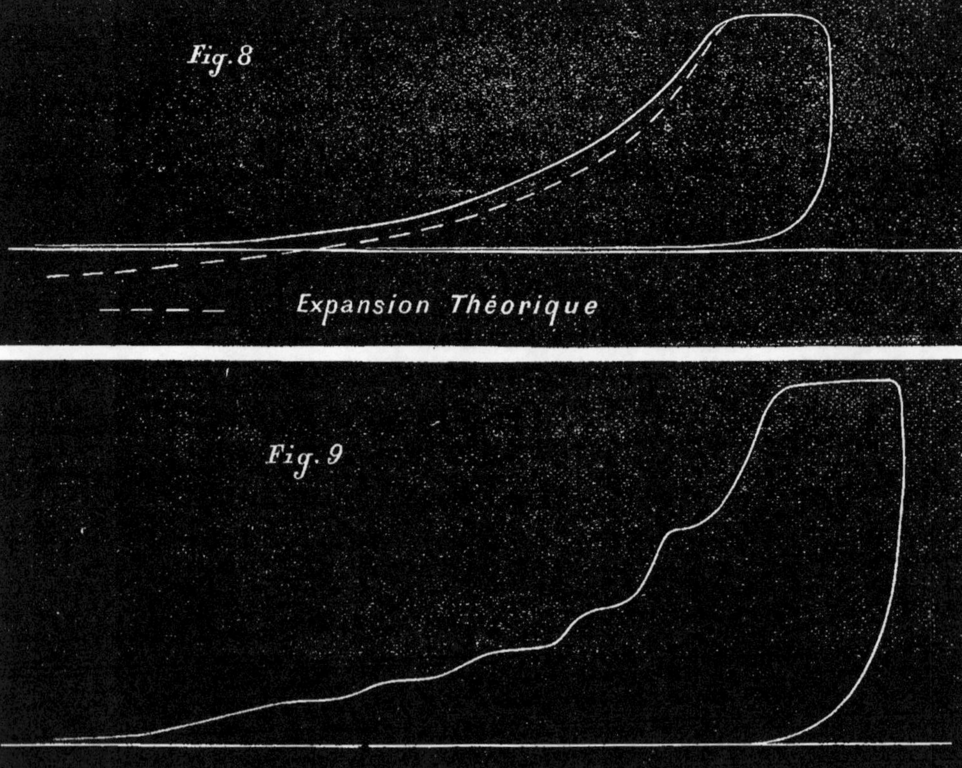

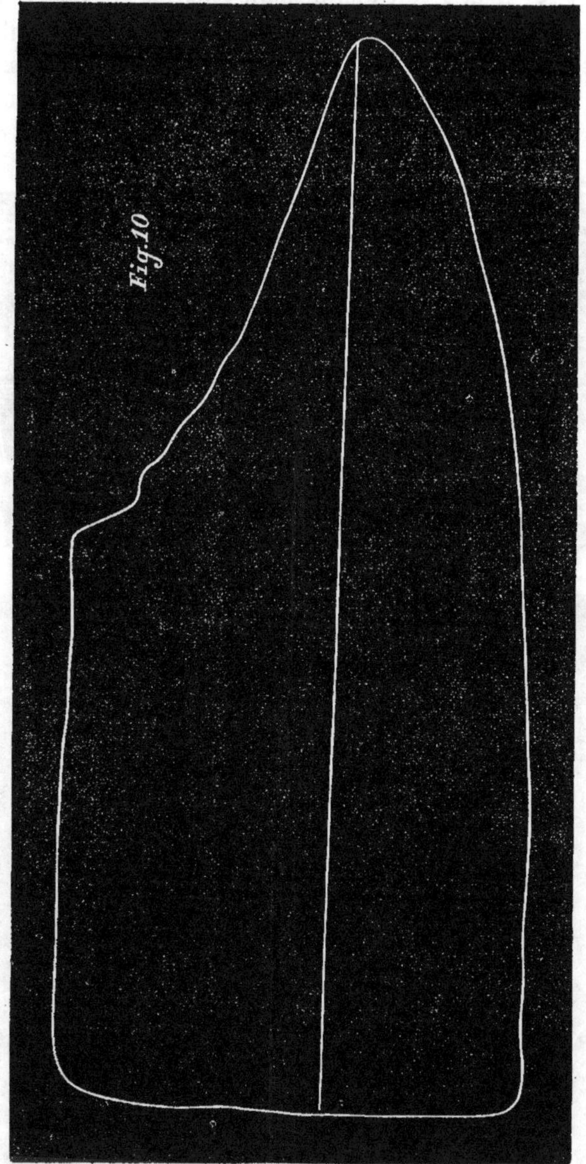

Fig.10

La fig. 11 relevée sur une machine marine à condensation, dont le piston avait une vitesse de 1_m71 par seconde et les fig. 12, 13, 14 et 15, relevées sur une locomotive avec des vitesses au piston de 3^m70, 4^m20, 4^m80 par seconde offrent au contraire l'exemple de mauvaises lignes de vapeur.

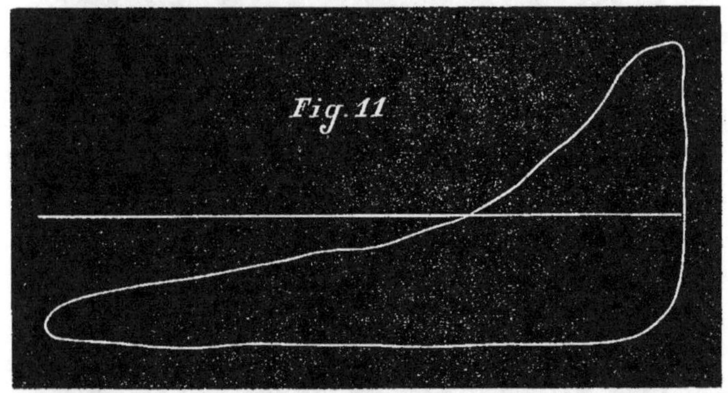

Fig. 11

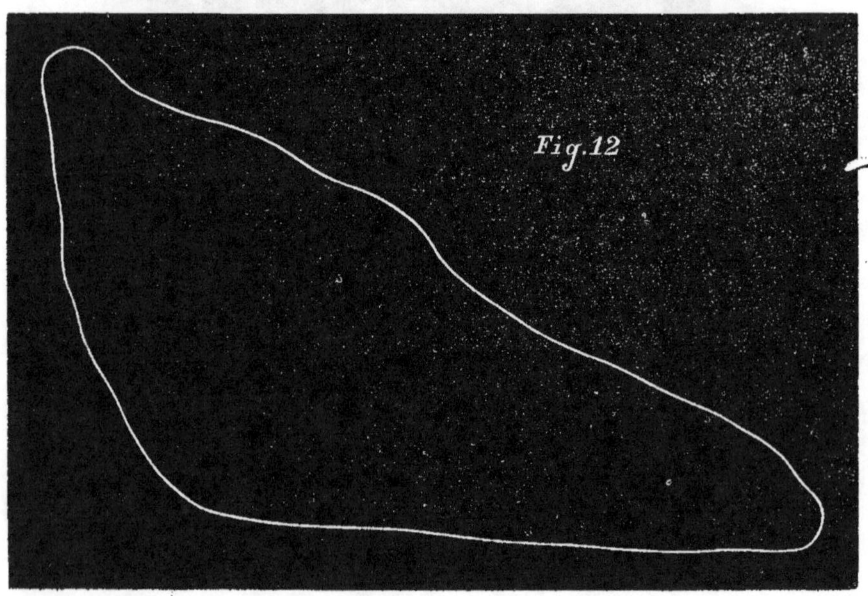

Fig. 12

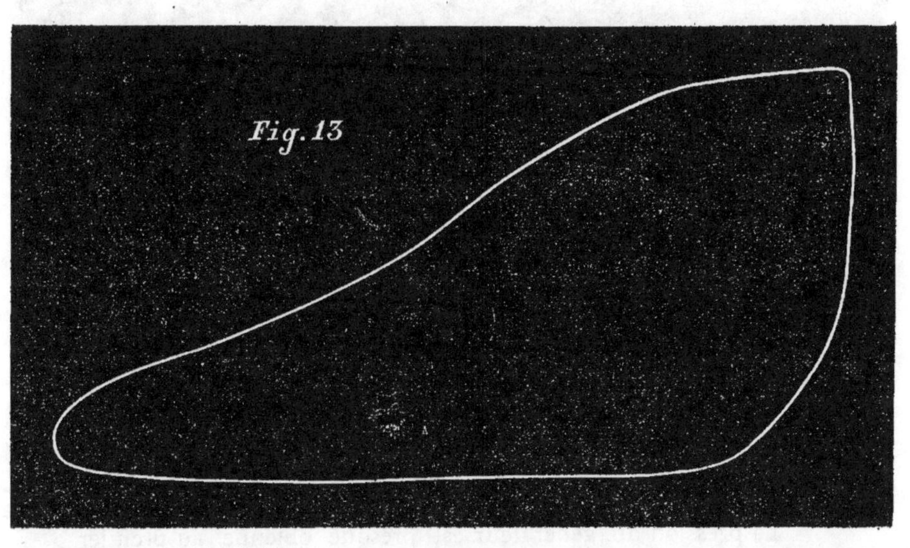

Fig. 13

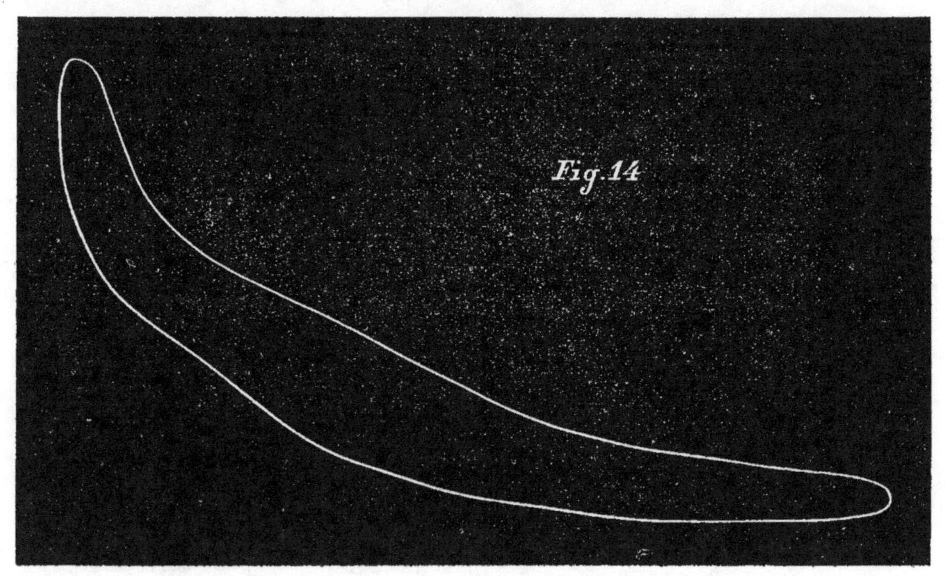

Fig. 14

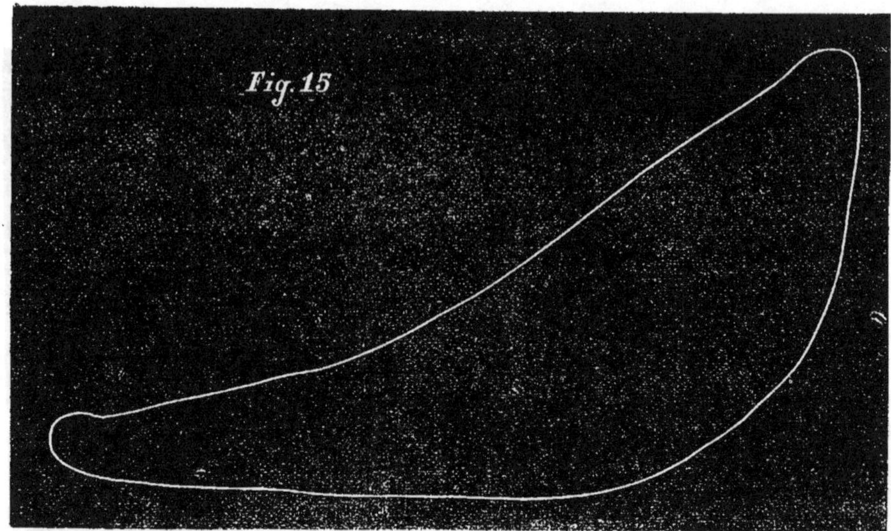

La pression du générateur est presque obtenue au premier moment dans le premier cas (fig. 11) grâce à la grande ouverture donnée au registre, et dans les autres, à cause de la contre-pression considérable existant dans le cylindre au moment de l'admission, mais dès que le piston commence à se déplacer, la pression tombe rapidement et le diagramme ne peut plus indiquer à quel moment cesse l'admission.

Les caractères de la ligne de vapeur dépendent principalement du rapport qui existe entre la section des lumières (considérées naturellement comme les plus petits passages que doit traverser la vapeur), et le volume engendré par le piston dans un temps donné.

Or ce volume peut se former dans un même temps, soit par le mouvement lent d'un piston large, soit par le mouvement rapide d'un piston dans un petit cylindre.

La section du cylindre et la vitesse du piston sont donc des éléments qu'il faut introduire dans le calcul de la section des lumières.

Il n'est pas impossible d'obtenir une ligne de vapeur correcte même à grande vitesse, à moins que la section à donner aux lumières, ou le travail mécanique absorbé pour actionner le registre, ne dépassent ce qu'on peut exécuter pratiquement. En général, il vaut mieux, dans les machines à grande vitesse, accepter ce défaut que de chercher à le corriger en agrandissant les orifices, car cela entraînerait certainement des changements radicaux dans tout l'organisme.

Il est une autre cause qui dérange souvent la ligne de vapeur, surtout dans les machines à condensation. Elle tient à ce que la vapeur se condense en partie à son entrée même dans le cylindre. On en voit un exemple dans la fig. 11, relevée sur une machine dont les lumières n'étaient pas assez étroites pour expliquer la perte énorme de pression qui s'est produite.

III. — LIGNE D'EXPANSION.

L'une des applications les plus importantes de l'indicateur, consiste à démontrer l'exactitude de la théorie de l'expansion, l'économie de travail réalisée par l'emploi de la détente, à en déterminer les limites pratiques, ainsi qu'à vérifier la valeur des divers systèmes employés pour arrêter l'admission.

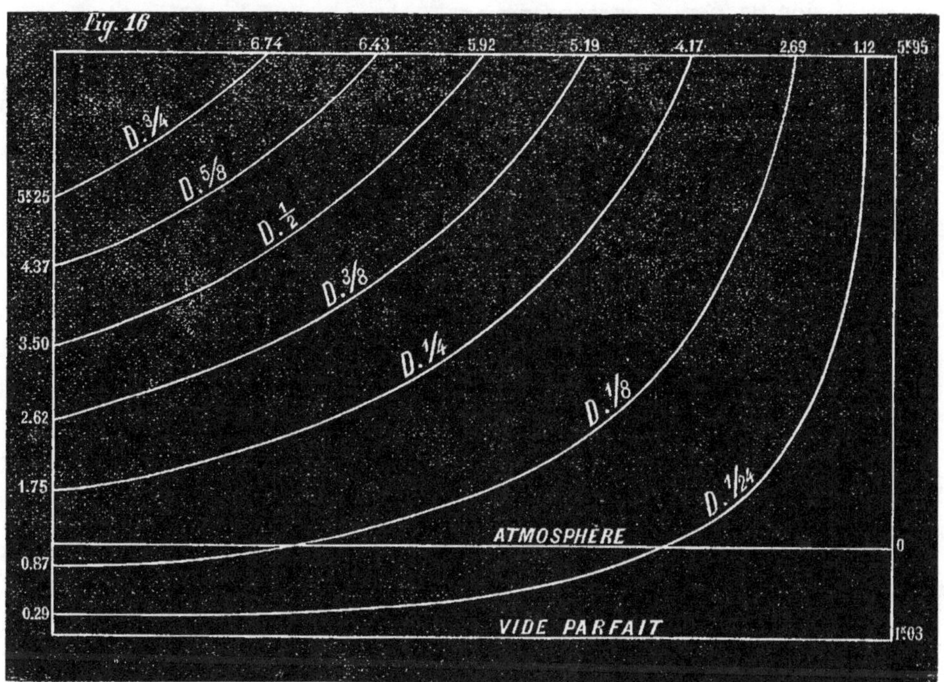

La fig. 16 représente les courbes théoriques pour 7 degrés différents de détente, soit :

à $\frac{1}{24}$, $\frac{1}{8}$, $\frac{1}{4}$, $\frac{3}{8}$, $\frac{1}{2}$, $\frac{5}{8}$, et $\frac{3}{4}$ de la course.

La vapeur est supposée admise à la pression absolue de 7 k. 04 par centimètre carré soit de $6^{atm.}$ 8, ou $5^{atm.}$ 8 au-dessus de la ligne atmosphérique. Les chiffres inscrits en tête de chaque courbe indiquent la pression moyenne servant à calculer le travail; ceux qui sont placés à l'extrémité indiquent la pression au moment de l'échappement et servent à calculer la consommation de vapeur. Les courbes ont été tracées suivant la loi de Mariotte, c'est-à-dire en diminuant la pression en raison inverse des volumes développés.

On voit qu'en détendant à 3/4, on travaille sous une pression de $6^{k}74$, en consommant à chaque coup le volume du cylindre rempli de vapeur à $5_{k}25$, tandis qu'à $\frac{1}{24}$, la pression moyenne est de $1^{k}12$ et la vapeur s'échappe sous $0^{k}29$.

Ces courbes sont tout-à-fait théoriques mais dans certaines limites de détente et en faisant la part d'un peu de contrepression qui se produit toujours avec la condensation la plus parfaite, on devrait pouvoir, en pratique, en approcher presque à l'exactitude; on devrait même trouver à l'échappement une pression un peu inférieure à la pression théorique, ce qui tiendrait au refroidissement qu'éprouve la vapeur en se détendant. On a reconnu, en effet, que pour chaque degré de refroidissement, la vapeur perd $\frac{1}{892}$ de son volume. Or l'emploi de l'Indicateur nous montre au contraire que la pression à l'échappement est toujours plus grande que la théorie ne l'indique. Il y a donc là une cause perturbatrice que nous devons rechercher.

Pendant longtemps, on attribuait cet écart à ce que les valves ou les registres n'étaient pas absolument étanches, mais le phénomène se produisant toujours, et l'excès de pression dans une même machine étant d'autant plus grand que la vapeur contient plus d'eau à l'état liquide, on ne tarda pas à en trouver la véritable explication.

La perte de chaleur dûe au rayonnement des surfaces externes et internes du cylindre, est beaucoup plus considérable qu'on ne le supposerait d'abord. On peut, il est vrai, se protéger assez complètement contre le rayonnement externe par des enveloppes non-conductrices ou chauffées, mais il n'en est pas de même quant au rayonnement interne qui s'accroît proportionnellement à la chaleur spécifique de la vapeur détendue, et qui augmente en raison inverse de l'indice de la détente, car plus tôt on arrête l'admission, plus les surfaces exposées au refroidissement sont grandes, plus les surfaces réchauffées par la vapeur non détendue sont petites.

L'eau qui se trouve à l'état liquide dans le cylindre, soit qu'elle ait été enlevée au générateur par entraînement, soit qu'elle soit formée par condensation dans les conduites ou dans le cylindre même, possède la même température que la vapeur, température qu'elle ne peut conserver que sous l'action de la pression qu'elle supporte. Lorsque l'expansion se produit, cette eau se vaporise instantanément en empruntant la chaleur latente nécessaire aux parois du cylindre. La formation de cette vapeur nouvelle détermine alors l'excès de pression que nous constaterons dans la vapeur sortant du cylindre, tandis que le cylindre refroidi devra, au commencement de la course suivante condenser une nouvelle quantité de vapeur qui donnera lieu aux mêmes phénomènes.

Si la vapeur est introduite à peu près sèche, une fois que le cylindre sera échauffé, l'écart peut devenir presque insensible comme on le voit dans la fig. 6.

Le diagramme représenté dans la fig. 8, provient d'un cylindre alimenté avec une vapeur très-chargée d'eau et montre la quantité de réévaporation produite pendant l'abaissement de pression.

Le meilleur moyen employé jusqu'ici, pour réduire les pertes dûes à cette cause, consiste à surchauffer légèrement la vapeur. La surchauffe se règlera par l'examen des diagrammes; lorsque la pression à l'échappement sera peu différente de la limite théorique, on sera dans de bonnes conditions, car la parfaite coïncidence est impossible à obtenir. Il est évident d'ailleurs que le prorata de la perte diminuera si la vitesse du piston augmente, toutes choses égales, d'ailleurs. La perte effective restera bien la même, mais le travail produit sera plus grand.

L'effet des machines à deux cylindres à cet égard, n'est pas encore constaté et donne lieu à une question dont la discussion sortirait du cadre de notre travail.

Pour obtenir une détente régulière, il faut que l'admission soit fermée assez rapidement pour qu'il ne puisse se produire dans le cylindre aucun abaissement de pression, dû à l'avancement du piston pendant la durée de la fermeture. L'indicateur nous permettra de nous prononcer péremptoirement sur le fonctionnement des organes employés à cette fin.

La fig. 6 nous montre la solution évidemment la plus parfaite du problème; c'est un diagramme relevé à New-York sur une machine Corliss; la vitesse du piston était de $2^{m}13$ par seconde.

Le défaut opposé, qui est appelé dans la pratique le *« laminage de la vapeur »* est dû à la chûte de pression progressive qui se produit par un coupage trop lent. On en voit un exemple remarquable dans la fig. 1 où la vapeur sort avec 1 k. 19, après avoir travaillé sous 1 k. 49 de pression moyenne; tandis que s'il y avait eu fermeture brusque au point *c*; elle serait sortie à o k. 63, après avoir travailé à 1 k. 12.

Or, si la vapeur à 1.49, sort à 1.19, la vapeur travaillant à 1.12 dans les mêmes conditions, devra sortir à $\frac{1.19}{1.49} \times 1.12$, soit à $0^{k}89$, mais avec la détente parfaite, la vapeur à $1^{k}12$ sortirait à 0.63, donc la différence $0.89 - 0.63 = 0^{k}26$ exprime la perte dûe à l'imperfection des organes et qui est de $\frac{26}{89}$, ou 29 °/₀ sur la vapeur consommée.

On peut encore remarquer que moins on a de vapeur à condenser, mieux la condensation se fait ; que si l'on évalue seulement à o k. 07 le bénéfice sur le vide provenant de la diminution de vapeur sortant, dûe à l'emploi d'une bonne détente, les bouilleurs entretiendront facilement o k. 37 de plus de pression moyenne, sans augmenter le feu ; il en résultera que la pression moyenne pourra atteindre 1 k. 49, tandis que la pression de sortie ne s'élèvera qu'à o k. 73, ce qui donne un bénéfice de $1,19 - 0,73 = 0,46$ ou 38 p. °/₀.

Des résultats de cette importance ont été souvent réalisés dans la pratique par une simple modification au coupage de la vapeur.

IV. — LA LIGNE D'ÉCHAPPEMENT ET LA LIGNE DE REFOULEMENT.

Ces deux lignes peuvent être étudiées ensemble ; on doit chercher à détruire la pression aussi complètement que possible avant que le piston commence à revenir en arrière ; pour cela, dans les machines sans condensation, on tiendra les passages suffisamment larges et l'on ouvrira les lumières un peu avant la fin de la course, conformément d'ailleurs à la densité de la vapeur à évacuer et à la vitesse du piston. Les tuyaux communiquant avec l'atmosphère, doivent être au moins moitié plus grands que les lumières et aussi dépourvus de coudes que possible.

Ces conditions s'imposent encore plus fortement aux machines à condensation, il faut en outre que les appareils condenseurs puissent maintenir un vide convenable.

Les fig. 6 et 9 ne montrent aucune pression supérieure à l'atmosphère en arrière du piston. Dans la fig. 8, on voit la pression produite par les coudes nombreux nécessités pour amener l'échappement dans les conduites de l'exposition

V. — LIGNE DE CONTRE-PRESSION.

Cette ligne, quand elle existe, est formée par la fermeture des lumières de sortie, avant la fin de la course en retour, ce qui produit la compression, par l'avancement du piston, de la vapeur restée dans le cylindre.

Cette circonstance occasionne une perte de travail, mais n'influe pas beaucoup sur la consommation de vapeur, parce que la vapeur emprisonnée réagit lorsque le piston change son mouvement avec une force égale à celle qu'elle a dépensée pour se comprimer.

La contre-pression est utile dans les machines à grande vitesse, parce qu'elle soulage graduellement le jeu des joints et qu'elle empêche les chocs dangereux qui se produiraient si la vapeur agissait brusquement avec toute sa force sur le piston et qui ont un tel effet sur les axes que, suivant toutes probabilités, les locomotives ne pourraient pas marcher avec sécurité sans cette précaution.

Dans les machines fixes ou marines, marchant à la vitesse ordinaire, la contre-pression n'est pas nécessaire, mais il n'y a pas d'inconvénient à l'employer à un degré modéré.

QUATRIÈME PARTIE.

CALCULS FAITS.

Tableau A. — surfaces circulaires pour les diamètres de 1 à 1000.

Légende. La première colonne contient les sections pour les diamètres de 1 à 100; la deuxième colonne contient les différences successives. Enfin le petit tableau A' placé à la suite contient les corrections pour le calcul de chaque dixième entre deux diamètres successifs.

Soit à chercher la section d'un cylindre de 0^{m} 342; on écrit ce nombre sous la forme 34 c. 2.

La table A donne :

Diamétre 34 section 907,9203

Différence de 34 à 35 54,1925

Multipliant cette différence par l'excès 0,2 on a 10,8385.

Ce nombre ajouté à celui de la table A, donne 918,7588 dont on peut se contenter dans la plupart des cas; pour avoir la valeur exacte, il faut retrancher du résultat le nombre

0,1257 qui se trouve daus le tableau A' en face de 0,2 : on obtient alors la vraie section 918,6331 ou 0^{m} 09186331 (1)

---

(1) Voici l'explication de ces calculs :

Soient n, et $n+1$, deux nombres successifs de la 1re colonne du tableau A, les sections S et S' correspondantes ont pour valeur $\frac{\pi}{4}n^2$ et $\frac{\pi}{4}\left(n+1\right)^2$

la différence inscrite dans la 2e colonne sera donc $d = \frac{\pi}{4}\left(2n+1\right) =$

soit maintenant $n+a$ le diamètre donné ;

la section x sera $\frac{\pi}{4}\left(n+a\right)^2 = S + \frac{\pi}{4}\left(2an+a^2\right)$;

or l'équation $d = \frac{\pi}{4}\left(2n+1\right)$ donne $2n = \frac{4}{\pi}d - 1$,

d'où

$$x = S + \frac{\pi}{4}\left[\left(\frac{4}{\pi}d-1\right)a+a^2\right] = S + \frac{\pi}{4}\left(\frac{4ad}{\pi}-(a-a^2)\right) = S + ad - \frac{\pi}{4}\left(a-a^2\right)$$

S se trouve dans le tableau A ; ad s'obtient en multipliant la différence tabulaire par la décimale du nombre intercalaire ; enfin $\frac{\pi}{4}(a-a^2)$ peut être négligé, ou recherché dans le tableau A' si a ne contient qu'un chiffre, ou enfin calculé dans le cas contraire ; par exemple soit à trouver la section de 2^m 156 on trouve pour 21décim.

tableau A	—	346.3606		
différence : 33.7721				
$ad = 33.7721 \times 0.56$	=	18.9124		
	1re valeur	365.2730	=	3^m 652730
valeur $\frac{\pi}{4}(a-a^2)$ en ne tenant compte que du 1er chiffre (tableau A')		0.1963		
	2e valeur	365.0767	=	3^m 650707
Section exacte				3^m 650795

$$\left(\frac{\pi}{4}(a-a^2) = \frac{\pi}{4}(0,56 - 0,3136) = 0,19365.\right)$$

TABLEAU A.

Diamètres.	SECTIONS.	DIFFÉRENCES	Diamètres.	SECTIONS.	DIFFÉRENCES
1	0.7854	2.3562	31	754.7676	49.4801
2	3.1416	3.9270	32	804.2477	51.0509
3	7.0686	5.4978	33	855.2986	52.6217
4	12.5664	7.0686	34	907.9203	54.1925
5	19.6350	8.6393	35	962.1128	55.7632
6	28.2743	10.2102	36	1017.8760	57.3341
7	38.4845	11.7810	37	1075.2101	58.9048
8	50.2655	13.3518	38	1134.1149	60.4757
9	63.6173	14 9225	39	1194.5906	62.0465
10	78.5398	16.4934	40	1256.6371	63.6172
11	95.0332	18.0641	41	1320.2543	65.1881
12	113.0973	19.6350	42	1385.4424	66.7588
13	132.7323	21.2057	43	1452.2012	68.3296
14	153.9380	22.7766	44	1520.5308	69.9005
15	176.7146	24.3473	45	1590.4313	71.4712
16	201.0619	25.9182	46	1661.9025	73.0420
17	226.9801	27.4889	47	1734.9445	74.6129
18	254.4690	29.0597	48	1809.5574	76.1836
19	283.5287	30.6306	49	1885.7410	77 7544
20	314.1593	32.2013	50	1963.4954	79.3252
21	346.3606	33.7721	51	2042.8206	80.8960
22	380.1327	35.3429	52	2123.7166	82.4668
23	415.4756	36.9137	53	2206.1834	84.0376
24	452.3893	38.4846	54	2290.2210	85.6084
25	490.8739	40.0553	55	2375.8294	87.1792
26	530.9292	41.6261	56	2463.0086	88.7500
27	572.5553	43.1969	57	2551.7586	90.3208
28	615.7522	44.7677	58	2642.0794	91.8916
29	660.5199	46.3384	59	2733 9710	93.4624
30	706.8583	47.9093	60	2827.4334	95.0332

Diamètres.	SECTIONS.	DIFFÉRENCES	Diamètres.	SECTIONS.	DIFFÉRENCES
61	2922.4666	96.6039	81	5152.9973	128.0200
62	3019.0705	98.1748	82	5281.0173	129.5906
63	3117.2453	99.7456	83	5410.6079	131.1615
64	3216.9909	101.3163	84	5541.7694	132.7323
65	3318.3072	102.8872	85	5674.5017	134.3031
66	3421.1944	104.4580	86	5808.8048	135.8739
67	3525.6524	106.0287	87	5944.6787	137.4447
68	3631.6811	107.5996	88	6082.1234	139.0155
69	3739.2807	109.1703	89	6221.1389	140.5862
70	3848.4510	110 7411	90	6361.7251	142.1571
71	3959.1921	112.3120	91	6503.8822	143.7279
72	4071.5041	113.8827	92	6647.6101	145.2986
73	4185.3868	115.4535	93	6792.9087	146.8695
74	4300.8403	117.0244	94	6939.7782	148.4402
75	4417.8647	118.5951	95	7088.2184	150.0111
76	4536.4598	120.1659	96	7238.2295	151.5818
77	4656.6257	121.7367	97	7389.8113	153.1527
78	4778.3624	123.3075	98	7542.9640	154.7234
79	4901.6699	124.8783	99	7697.6874	156.2942
80	5026.5482	126.4491	100	7853.9816	157.8651

Tableau A′.

Dixièmes.	Correction.
0.1	0.0707
0.2	0.1257
0.3	0.1649
0.4	0.1885
0 5	0.1963
0.6	0.1885
0.7	0.1649
0.8	0.1257
0.9	0.0707

Tableau B.

Logarithmes hyperboliques des rapports $\frac{z}{z_0}$ *correspondant à diverses détentes.*

INDICE de la détente. Fractions ordinaires.	INDICE de la détente. décimales.	RAPPORT z/z_0	Logarithmes hyperboliques.	INDICE de la détente. Fractions ordinaires.	INDICE de la détente. décimales.	RAPPORT z/z_0	Logarithmes hyperboliques.
1/50	0.020	50	3 9120	1/6	0.167	6	1.7918
1/40	0.025	40	3.6889	7/40	0.175	5.70	1.7430
1/30	0.033	30	3.4012	9/50	0.180	5.56	1.7148
1/25	0.040	25	3.2189	3/16	0.187	5.33	1.6740
1/24	0.042	24	3.1781	1/5	0.200	5	1 6094
1/20	0.050	20	2.9957	5/24	0.208	4.80	1.5686
3/50	0.060	16.67	2.8133	11/50	0.220	4.55	1.5141
1/16	0.0625	16	2.7726	2/9	0.222	4.50	1.5041
1/15	0.066	15	2.7080	9/40	0 225	4.44	1.4917
3/40	0 075	13.33	2.5903	7/30	0.233	4.29	1.4553
2/25	0.080	12.50	2.5257	6/25	0.240	4.17	1.4271
1/12	0.083	12	2.4849	1/4	0.250	4	1.3863
1/10	0.100	10	2.3026	13/50	0.260	3.85	1.3471
1/9	0.111	9	2.1972	4/15	0.267	3.75	1.3218
3/25	0.120	8.33	2.1203	11/40	0.275	3.64	1.2910
1/8	0.125	8	2.0794	7/25	0.280	3.57	1.2730
2/15	0.133	7.50	2.0149	2/7	0.286	3.50	1.2528
7/50	0 140	7.12	1.9661	7/24	0.292	3.43	1.2322
1/7	0.143	7	1.9459	3/10	0.300	3.33	1.2040
3/20	0.150	6.67	1.8971	5/16	0.312	3.20	1.1631
4/25	0.160	6.25	1.8326	8/25	0.320	3.12	1.1394

INDICE de la détente.		RAPPORT	Logarithmes hyperboliques.	INDICE de la détente.		RAPPORT	Logarithmes hyperboliques.
Fractions ordinaires.	décimales.	z/z_0		Fractions ordinaires.	décimales.	z/z_0	
13/40	0.325	3.08	1.1240	5/9	0.556	1.80	0.5878
1/3	0.333	3	1.0986	14/25	0.560	1.79	0.5798
17/50	0.340	2.94	1.0788	9/16	0.562	1.78	0.5754
7/20	0.350	2.86	1.0498	17/30	0.567	1.76	0 5680
9/25	0.360	2.78	1.0217	4/7	0.571	1.75	0.5596
11/30	0.367	2.73	1.0033	23/40	0.575	1.74	0.5534
3/8	0.375	2.67	0.9808	29/50	0.580	1.72	0.5447
19/50	0.380	2.63	0.9676	7/12	0.583	1.71	0.5390
2/5	0.400	2.50	0.9163	3/5	0.600	1.67	0.5108
3/12	0.417	2.40	0.8755	31/50	0.620	1.61	0.4780
21/50	0.420	2.38	0.8675	5/8	0.625	1.60	0.4700
17/40	0.425	2.35	0.8557	19/30	0.633	1.58	0.4568
3/7	0.429	2.33	0.8473	16/25	0.640	1.56	0.4463
13/30	0.433	2.31	0.8363	13/20	0.650	1.54	0.4308
7/16	0.437	2.29	0.8267	33/50	0.660	1.52	0.4155
11/25	0.440	2.27	0.8210	2/3	0.667	1.50	0.4055
4/9	0.444	2.25	0.8109	27/40	0.675	1.48	0.3931
9/20	0.450	2.22	0.7985	17/25	0.680	1.47	0.3857
11/24	0.458	2.18	0.7802	11/16	0.687	1.43	0.3747
23/50	0.460	2.17	0.7765	7/10	0.700	1.43	0.3567
7/15	0.467	2.14	0.7622	17/24	0.708	1.41	0.3449
19/40	0.475	2.11	0.7445	5/7	0.714	1.40	0.3365
12/25	0.480	2.08	0.7340	18/25	0.720	1.39	0.3285
1/2	0.500	2	0.6932	29/40	0.725	1.38	0.3216
13/25	0.520	1.92	0.6539	11/15	0.733	1.36	0.3102
21/40	0.525	1.90	0.6444	37/50	0.740	1.35	0.3011
8/15	0.533	1.87	0.6287	3/4	0.750	1.33	0.2877
27/50	0.540	1.85	0.6162	19/25	0.760	1.32	0.2744
13/24	0.542	1.85	0.6132	23/30	0.767	1.30	0.2657
11/20	0.550	1.82	0.5978	31/40	0.775	1.29	0.2549

INDICE de la détente. Fractions ordinaires.	INDICE de la détente. décimales.	RAPPORT z/z_0	Logarithmes hyperboliques.	INDICE de la détente. Fractions ordinaires.	INDICE de la détente. décimales.	RAPPORT z/z_0	Logarithmes hyperboliques.
7/9	0.778	1.29	0.2513	8/9	0.889	1.125	0.1178
39/50	0.780	1.28	0.2485	9/10	0.900	1.11	0.1054
19/24	0.792	1.26	0.2337	11/12	0.916	1.09	0.0870
4/5	0.800	1.25	0.2231	23/25	0.920	1.09	0.0834
13/16	0.812	1.23	0.2077	37/40	0.925	1.08	0.0780
41/50	0.820	1.22	0.1985	14/15	0.933	1.07	0.0690
33/40	0.825	1.21	0.1924	15/16	0.937	1.07	0.0645
5/6	0.833	1.20	0.1823	47/50	0.940	1.06	0.0619
21/25	0.840	1.19	0.1744	19/20	0.950	1.05	0.0513
17/20	0.850	1.18	0.1625	23/24	0.958	1.04	0.0426
6/7	0.857	1.17	0.1541	24/25	0.960	1.04	0.0408
43/50	0.860	1.16	0.1508	29/30	0.967	1.03	0.0339
13/15	0.867	1.15	0.1432	39/40	0.975	1.03	0.0253
7/8	0.875	1.14	0.1335	49/50	0.980	1.02	0.0202
22/25	0.880	1.14	0.1278	1	1	1	0.0000

TABLEAU C.

Caractères de la vapeur saturée à différentes températures.

(Extrait de l'Aide-Mémoire de Claudel.)

TEMPÉRATURE.	PRESSION en atmosphères.		PRESSION en hauteur de mercure.	PRESSION en kilog par c. q.	POIDS de 1 m. cube de vapeur.	VOLUME de 1 kil. de vapeur.	POIDS de 1m. cube d'air à la même température et à la même pression.
o		at.	m	k.	k.	m.c.	k.
—32	»	0.0004	0.0003	0.0004	0.0004	2690.	0.0006
30	»	0.0005	0.0004	0.0005	0.0004	2304.	0.0007
25	»	0.0007	0.0006	0.0008	0.0007	1516.	0.0010
20	»	0.0011	0.0008	0.0011	0.0010	1041	0.0015
15	»	0.0017	0.0013	0.0017	0.0014	695.3	0.0023
10	»	0.0026	0.0020	0.0027	0.0022	463.7	0.0035
5	»	0.0040	0.0030	0.0041	0.0032	308.8	0.0052
0	1/166	0.0061	0.0046	0.00625	0.0049	205.4	0.0078
+5	»	0.0086	0.0065	0.0089	0.0068	147.3	0.0109
10	»	0.0121	0.0092	0.0125	0.0094	106.9	0.0150
15	»	0.0167	0.0127	0.0173	0.0127	78.50	0.0205
17.83	1/50	0.0200	0.0152	0.0207	0.0151	66.23	0.0243
20	»	0.0229	0.0174	0.0236	0.0171	58.32	0.0276
25	»	0.0310	0.0236	0.0320	0.0228	43.80	0.0367
29.35	1/25	0.0400	0.0304	0.0413	0.0290	34.43	0.0467
30	»	0.0415	0.0315	0.0429	0.0301	33.25	0.0484
33.27	1/20	0.0500	0.0380	0.0517	0.0358	27.90	0.0576
35	»	0.0551	0.0418	0.0569	0.0393	25.45	0.0632
38.50	1/15	0.0667	0.0507	0.0689	0.0470	21.28	0.0755
40	»	0.0722	0.0549	0.0746	0.0507	19.73	0.0815
42.69	1/12	0.0833	0.0633	0.0861	0.0580	17.26	0.0932
45	»	0.0939	0.0714	0.0971	0.0648	15.42	0.1043
46.21	1/10	0.1000	0.0760	0.1033	0.0688	14.54	0.1106
50	»	0.1210	0.0920	0.1251	0.0828	12.16	0.1322
50.63	1/8	0.1250	0.0950	0.1292	0.0848	11.79	0.1363
53.36	1/7	0.1429	0.1086	0.1476	0.0961	10.40	0.1545

TEMPÉRATURE.	PRESSION en atmosphères.		PRESSION en hauteur de mercure.	PRESSION en kilog. par c. q.	POIDS de 1 m. cube de vapeur.	VOLUME de 1 kil. de vapeur.	POIDS de 1m. cube d'air à la même température et à la même pression.
o		at.	m	k.	k.	m.c.	k.
56.57	1/6	0.1667	0.1267	0.1722	0.1110	9.008	0.1785
60	»	0.1958	0.1488	0.2023	0.1291	7.748	0.2075
60 16	1/5	0.2000	0.1520	0.2067	0.1317	7.595	0.2117
65 36	1/4	0 2500	0.1900	0.2583	0.1622	6.166	0.2607
69.49	3/10	0.3000	0.2280	0.3100	0.1923	5.201	0.3091
70	»	0.3067	0.2331	0.3169	0.1963	5.095	0.3156
76.25	4/10	0.4000	0.3040	0.4133	0.2514	3.978	0.4042
80	»	0.4666	0.3546	0.4629	0.2901	3.446	0.4665
81.71	1/2	0 5000	0.3800	0.5166	0.3094	3.232	0.4974
86.32	6/10	0.6000	0.4550	0.6186	0.3665	2.728	0.5892
90	»	0.6914	0.5254	0.7144	0.4180	2.392	0.6721
90.32	7/10	0.7000	0.5320	0.7233	0.4229	2.365	0.6799
92.15	3/4	0.7500	0.5700	0.7750	0.4508	2.218	0.7248
93.88	8/10	0.8000	0.6080	0.8266	0.4786	2.089	0.7694
97 08	9/10	0.9000	0.6840	0 9300	0.5338	1.873	0.8581
100	1	1.	0.7600	1.0333	0.5884	1.6995	0.9460
106.86	1 1/4	1.25	0.9500	1.2916	0.7232	1.383	1.1627
111.74	1 1/2	1.50	1.1400	1.5499	0.8556	1.169	1.3757
116.43	1 3/4	1.75	1.3300	1.8083	0.9862	1.014	1.5856
120 60	»	2.	1.520	2.0666	1.1151	0.8967	1.7929
124.36	»	2.25	1.710	2.3249	1.2427	0.8047	1.9978
127.80	»	2.50	1.900	2.5832	1.3689	0.7305	2.2008
130.97	»	2.75	2.090	2.8415	1.4939	0.6694	2.4018
133.91	»	3.	2.280	3.0999	1.6179	0.6181	2.6012
136.66	»	3.25	2.470	3.3582	1.7410	0.5744	2.7990
139.25	»	3.50	2.660	3.6165	1.8631	0.5367	2.9954
141.68	«	3.75	2.850	3.8748	1 9845	0.5039	3.1905
144	»	4.0003	3.040	4.1335	2.1052	0.4750	3.3845
146.19	»	4.25	3 230	4.3915	2.2249	0.4495	3.5770
148.29	»	4.50	3.420	4.6498	2.3440	0.4266	3.7685
150.30	»	4.75	3.610	4.9081	2.4624	0.4061	3.9589

TEMPÉ-RATURE.	PRESSION				POIDS de 1 m. cube de vapeur	VOLUME de 1 kil. de vapeur.	POIDS de 1m. cube d'air à la même température et à la même pression.
	en atmosphères.		en hauteur de mercure.	en kilog. par c. q.			
°		at.	m	k.	k.	m.c.	k.
152.22	»	5.	3.800	5.1665	2.5803	0.3876	4.1484
154.07	»	5.25	3.990	5.4248	2.6976	0.3707	4.3370
155.85	»	5.50	4.180	5.6831	2.8143	0.3553	4.5246
157.56	»	5.75	4.370	5.9414	2.9305	0.3412	4.7114
159.22	»	6.	4.560	6.1997	3.0462	0.3283	4.8974
162.37	»	6.50	4.940	6.7164	3.2761	0.3052	5.2671
165.34	»	7.	5.320	7.2330	3.5042	0.2854	5.6338
168.15	»	7.50	5.700	7.7497	3.7306	0.2681	5.9977
170.81	»	8.	6.080	8.2663	3.9554	0.2528	6.3591
173.35	»	8.50	6.460	8.7830	4.1786	0.2393	6.7181
175.77	»	9.	6.840	9.2996	4.4006	0.2272	7.0749
178.08	»	9.50	7.220	9.8163	4.6212	0.2164	7.4296
180.31	»	10.—	7.600	10.3329	4.8405	0.2066	7.7821
184.50	»	11.	8.360	11.366	5.2757	0.1895	8.4819
188.41	»	12.	9.120	12.399	5.7065	0.1752	9.1744
192.08	»	13.	9.880	13 433	6.1332	0.1630	9.8605
195.53	»	14.	10.640	14.466	6.5563	0.1525	10.541
198.80	»	15.	11.400	15.489	6.9759	0.1433	11.215
201.90	»	16.	12.160	16.533	7.3923	0.1353	11.885
204.86	»	17.	12.920	17.566	7.8056	0.1281	12.549
207.69	»	18.	13.680	18.599	8.2161	0.1217	13.209
210.40	»	19.	14.440	19.633	8.6238	0.1160	13.865
213.01	»	20.	15.200	20.666	9.0289	0 1107	14.516
215.51	»	21.	15.960	21.699	9.4318	0.1060	15.164
217.93	»	22.	16.720	22.732	9.8322	0.1017	15.807
220.27	»	23.	17.480	23.766	10.230	0.0977	16.447
222.53	»	24.	18.240	24.799	10.626	0.0941	17.084
224.72	»	25.	19.	25.832	11.020	0.0907	17.718
226.85	»	26.	19.760	26.866	11.412	0.0876	18.348
228.92	»	27.	20.520	27.899	11.800	6.0847	18.970
230	»	27.5847	20.926	28.451	12.010	0.0833	19.309

Tableau D.

Travail théorique de 1 kil. de vapeur à pleine pression.

(Extrait de l'Aide-Mémoire de Claudel.)

Pression absolue en atmosphères	TRAVAIL THÉORIQUE en dynamodes. (1)		Pression absolue en atmosphères	TRAVAIL THÉORIQUE en dynamodes.	
	Vide absolu sous le piston.	1 atmosphère sous le piston.		Vide absolu sous le piston.	1 atmosphère sous le piston.
1/4	15.927	— 47.782	4 1/2	19.837	15.429
1/2	16.698	— 16.698	4 3/4	19.932	15.736
3/4	17.191	— 5.730	5	20.023	16.018
1	17.561	0.000	5 1/4	20.110	16.279
1 1/4	17.860	+ 3.572	5 1/2	20.193	16.522
1 1/2	18.114	6.038	5 3/4	20.274	16.748
1 3/4	18.335	7.858	6	20.353	16.961
2	18.532	9.266	6 1/2	20.501	17.347
2 1/4	18.709	10.394	7	20.641	17.692
2 1/2	18.871	11.323	7 1/2	20.774	18.004
2 3/4	19.020	12.104	8	20.899	18.287
3	19.159	12.773	8 1/2	21.019	18.546
3 1/4	19.289	13.354	9	21.133	18.785
3 1/2	19.411	13.865	9 1/2	21.242	19.006
3 3/4	19 526	14.319	10	21.347	19.212
4	19.635	14.726	11	21 544	19.586
4 1/4	19.738	15.094	12	21.729	19.918

(1) 1000 kilogrammètres.

TABLE

PAR ORDRE DES MATIÈRES

Lille-Imp. L. Danel.

www.ingramcontent.com/pod-product-compliance
Lightning Source LLC
LaVergne TN
LVHW050430160826
845677LV00002BA/627

* 9 7 8 2 3 2 9 6 8 5 0 3 8 *